电网规划理论及技术

周步祥　陈　实◆著

科学出版社

北京

内 容 简 介

电网规划是整个电力系统规划中一个至关重要的环节，电网规划必须保证发电侧电能的有效输出和负荷侧用电需求的合理满足；同时，电网运行所追求的可靠性、灵活性、经济性等性能指标也与电网规划工作密切相关，因此电网规划工作是一项涉及面非常广的复杂系统工程。本书以理论、技术结合实际案例的形式，针对电网规划工作的一般流程，全面分析阐述了规划工作中涉及的边界条件确定、基础信息收集、负荷预测、电源规划、电力电量平衡、规划原则制定、网架结构规划论证、电气计算校核与规划结果评价等重要环节。

本书适合电网规划领域的科研、工程技术人员及高校相关专业的师生阅读使用。

图书在版编目(CIP)数据

电网规划理论及技术/周步祥，陈实著. —北京：科学出版社，2017.8

ISBN 978-7-03-054278-6

I. ①电… II. ①周… ②陈… III. ①电网－电力系统规划－研究

IV. ①TM727 ②TM715

中国版本图书馆 CIP 数据核字（2017）第 209885 号

责任编辑：郭勇斌　邓新平　欧晓娟 / 责任校对：彭涛
责任印制：张　伟 / 封面设计：蔡美宇

科学出版社 出版
北京东黄城根北街 16 号
邮政编码：100717
http://www.sciencep.com

北京凌奇印刷有限责任公司 印刷
科学出版社发行　各地新华书店经销
*

2017 年 8 月第 一 版　开本：720×1000　1/16
2018 年 4 月第二次印刷　印张：14 1/2
字数：285 000
POD定价：78.00元
（如有印装质量问题，我社负责调换）

前　言

电力系统是"源—网—荷"紧密相连构成的有机整体。电源一般是根据地区的发电资源禀赋和地理特征进行规划建设，负荷水平与地区社会经济发展水平相适应，同时受产业政策等因素影响。在这个有机整体中，电源和负荷相对"硬性"，要保证电力系统正常高效地运行就需要电网主动满足电源的有效送出、负荷的合理这两个基本要求。同时，电网运行自身也要追求可靠性、灵活性、经济性等性能指标最优。总之，电网受到外部"发""用"环节和内部自身运行的严格约束，这些约束条件包含地理范畴约束（地理上分散且分布范围很广的电源和负荷）、时间范畴约束（电源及负荷的历史、现状、未来发展）、电气性能约束。

显然，自然发展的电网不可能满足这些严格的约束条件，需要综合考虑电网从规划建设到运行的各个环节，作出完整细致的计划。在这个工作中，电网规划是最为基础的环节，也是第一个环节。电网规划的结果是否科学合理直接影响电力系统的高效运行。可以说，在电网越来越庞大复杂的今天，电网规划已然成为电网企业最为重要的工作之一。从前述知，电网规划不仅要考虑发电、用电环节，还要考虑电网自身的运行要求；不仅要考虑历史和现状情况，还要考虑未来的社会经济技术发展情况，可见，电网规划工作是一个牵涉面广、地理时间尺度宽的复杂系统工程。电网规划涉及电力系统分析理论计算方法、负荷预测理论方法、电力系统调度、运行、新能源接入、信息处理、决策论甚至项目管理、财务评价方法等多方面的理论方法和技术，有些甚至超过了传统意义上的电力系统专业。

以往从事电力系统专业的技术人员接触过专门完整的电网规划相关理论、方法、技术的比较少，在实际规划中基本依据零散的理论、方法工作，甚至靠经验、靠摸索。作者长期从事电网规划相关理论方法的研究，也接触过很多电网规划的实际工作，深感一本系统完整的、理论结合技术、方法结合案例的电网规划方面的专业书籍对从事电网规划方面的专业技术人员和学习者是非常重要的。本书即是在此思考和实践的过程中逐渐成稿的。

全书分为十一章，第一章为绪论。第二章为电网规划的边界条件，描述了电网规划的设计依据、时间、空间、深度及电网规划需达到的指标约束边界。第三章为电网规划的基础信息，描述了电网规划所需的基础信息，如地区经济社会发展概况、地区电力系统基础现状信息等。第四章为负荷预测，描述了负荷预测的过程、信息的分析与处理、电力电量、电力负荷及负荷分布的预测。第五章为电网规划的电源分析，描述了电网规划中各类电源的分析和电源接入对电网的影响。第六章为电力电量平衡，描述了电力平衡中的容量组成与电力电量平衡计算。第七章为电网规划的原则与网架结构论证，描述了电网规划的基本原则、主要技术原则和网架结构论证。第八章为电气计算，主要描述了潮流计算、短路计算和"N-1"校验计算。第九章为项目建设与管理，主要描述了项目建设、投资估算和项目建设时序决策。第十章为规划成果评价体系，主要描述了经济评价、线损评估、可靠性评估、供电能力评估及抗灾能力评估。第十一章为结论与展望。

　　本书第一、二、六、七、十、十一章由周步祥编写，第三、四、五、八、九章由陈实编写。本书力求体现理论结合技术、方法结合案例的书写特点，其中的成果应该属于在该领域奋力工作的国内外工程科技工作者。

　　在本书的编写过程中，参与相关科研工作的研究生在文献检索、资料汇编、图文整理等方面给予了大量帮助，他们是王耀雷、石敏、张冰、文阳、李世阳、葛轶、魏榆扬、魏金萧、王鑫、刘思聪、张百甫、杨常、邓苏娟、董申、黄家南、张烨、刘舒畅、罗燕萍等。

　　由于作者水平有限，书中难免存在疏漏，恳请广大读者批评指正。

作　者

2017 年 6 月于四川大学

目　录

第一章 绪 论

第一节 电网规划工作概述

在电力系统中，电网担负着将电源与用户联结起来的任务，为了得到最大的供电可靠性、经济性，它还承担着联系邻近地区电力系统的任务。电网规划是电力系统长期保持稳定的关键之一，它是以现有网络结构、负荷预测、电源规划为基础，进而确定在何时、何地投建何种类型的输电线路及其回路数等，要求所规划的网架在满足各项技术指标的前提下使输电系统的总费用最小，并能满足规划年限内所需要的输电能力。

电网规划在整个电力系统规划中起着非常重要的作用，直接关系电厂发出的电能否及时送出，以及电力系统供电的可靠性、灵活性、经济性能否实现。它基于整个国民经济规划指导，具体地研究今后 5 年、10 年、15 年及更长时间内电网与其他各国民经济部门间的合理比例关系，电网内部发、输、变电之间的比例关系，电网的发展速度、发展规模，电网布局，燃料动力平衡，新技术的应用，成本效益分析，等等问题，并做出长远的、科学的安排，以指导电网建设的具体实施步骤，保证电力系统更好、更快、高效、经济的发展，使其不断满足国民经济各部门及人民物质文化生活对电力的需要。因此，电网规划的质量对整个电力系统、国民经济的发展及社会的现代化进程起着举足轻重的作用。

我国电力工业改革在有条不紊而又不失创新地进行着，电力市场化改革有利于打破垄断，引入竞争，提高效率，降低成本，优化社会资源配置，促进我国电力工业发展。电力工业市场化改革已打破了传统的发电、输配电纵向一体化的结构。这种改革对电力工业带来了强烈的冲击，对电力工业的规划、运行及管理有深远的影响："厂网分家"后的电网规划已成为我国电力市场研究中的一个热点问题。一方面，电网规划将面临许多不确定的市场因素，如负荷发展、电源建设、系统潮流变化等；另一方面，还要满足用户对电网"安全、经济、灵活、开放"的要求，电网规划将面临更多的困难和挑战。在 2002 年厂网分开、主辅分开的基础上，又继续开展了诸多的电力体制改革，其中，售电侧改革和输配电价改革不仅对电网企业的生产经营管理产生了深刻影响，而且由于管理体制的变化,在电网规划方面也产生了一定的影响,主要体现在主体多元化、内容多样化及更高要求的灵活性和更为严格的审核等方面。智能电网、主动配电网及能源互联网的建设与推广对电网规划提出了更高的要求。近期,随着众多创新概念的提出,将使今后电网的建设和改造继续扩大和深化。如何科学地完成电网规划工作,合理应对新能源带来的多元负荷预测的不确定性、分布式电源带来的网架结构的不确定性,从而提高供电质量、供电的安全和可靠水平,合理有效地利用资金和节能降损,取得最大的经济和社会效益,是各级决策者都十分关注的问题,具有巨大的社会意义与经济意义。

电网规划是所在供电区域国民经济提升和社会发展提速的重要一步,同时也是电网企业自身长远发展规划的重要基础之一。电网规划的结果就是规划出来的电网建设方案在投资决策方面经济性最好,并能满足适度超前于供电区域内的经济发展要求,可发挥其对于电网建设,运行和供电保障的先导和决定作用。它是区域电网发展和改造的总体计划,任务是研究区域负荷增长的规律,改造和加强现有电网结构,逐步解决薄弱环节,扩大供电能力,实现设施标准化,提高电网的可靠性、经济性、灵活性。建立技术经济合理的电网,解决电网现存问题的同时,还能够满足规划年内的负荷需求。

从电网的可靠性、经济性及灵活性三个方面来看,电网规划工作的意义和作用包括以下几点。

1)满足规划年限内负荷的需求及今后电网的建设,保障社会经济平稳、快速的发展。

2)满足电源出力的有效接入、送出要求。

3)利用先进的科学技术,协调不同电压等级的电网建设,满足它们之间的相互配合关系,提高电能质量,保证电网实现从满足到满意供电、从不间断到高质量供电。

4)科学合理地确定变电站的容量、位置、供电范围及优化网络结构,有利于系统的运行管理,减少系统跨区域交叉供电,有助于提高系统管理和运行效率。

5)科学规划建设电网,促进精准投资,不仅能够节约巨额的建设投资,提高投资效益,而且能够在很大程度上降低因网络损耗、负荷不均衡、设备参数不匹配等原因造成的资金浪费,改善未来电网的运行效益。

6)电网结构的合理性直接影响电力系统自动化等二次设施的投资效益,电网规划是电力系统自动化实施的基础。

7)合理规划,有利于后期设计、建设等后续工作的进行。

本书旨在指导电网规划建设,可用于指导电力企业的规划事宜并能够向高校相关专业学生提供一定的指导,制定远景计划,以此来解决电网的现存问题,并逐步实现电网的最优化。在这之中,敢于利用新的理念制定规划是时代的要求,同时要体现以安全为基础、效益为中心的电网建设指导思想，不断引进新技术。一个好的电网规划能科学合理地协调电网投资预算和其中的各项新技术的利用，保证电网的安全可靠性与有效的资金利用率。

第二节 电网规划工作的主要流程

电网规划是所在供电区域国民经济和社会发展的重要组成部分，同时也是电力企业自身长远发展规划的基础之一，其目标是使电网发展能够适应、满足并适度超前于供电区域内的经济发展要求，并能发挥其对于电网建设，运行和供电保障的先导和决定作用。电网规划的主要工作可以分为资料收集、数据处理、确定网架及成果分析 4 个阶段，包含确定规划对象及边界条件、社会经济现状分析、电力系统现状分析、电力需求预测、电源建设、电力电量平衡、变电站选址定容、网架结构论证、电气计算、输变电项目建设及投资估算等多个方面，各阶段逻辑关系如图 1-1 所示，电网规划的流程如图 1-2 所示。

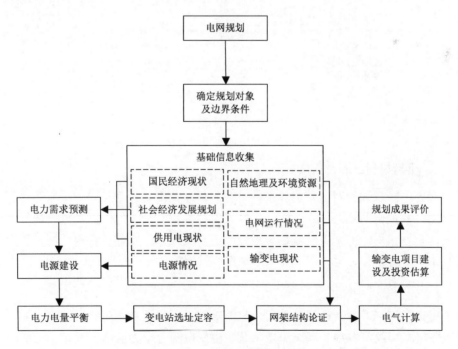

图 1-1 电网规划逻辑关系图

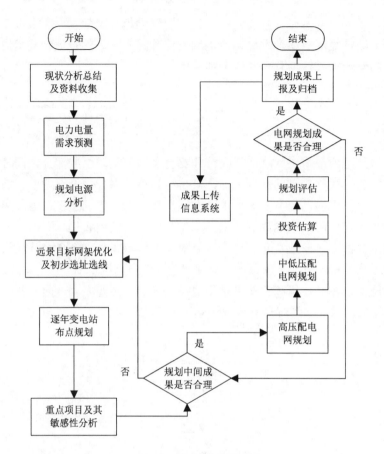

图 1-2　电网规划流程图

1．明确规划目的及依据

确定电网规划的对象及边界条件，明确规划范围、规划年限、电压等级和规划深度。依据电网规划技术导则和电网安全标准，充分发挥电网规划对电网建设投资的指导作用，加强电网规划和地方经济发展规划的互动，实现电网在现有基础和水平上有目标、有计划、有效率地健康发展。

2．电网规划基础信息收集

确定了规划对象及边界条件后，需要对规划所需的基础信息进行收集整理。通过收集社会经济发展、区域用电负荷、电网电源、电力网络及设备运行情况等数据资料，有利于全面了解规划区电力需求增长情况、电网设备和资产现状，有助于客观分析评价现状电网运行情况和深入挖掘电网存在的问题，使电网规划更有针对性。

（1）社会经济现状及发展情况

1）自然地理及环境资源概况，包括地理、气候条件、行政区划和人口、自然资源、交通条件等信息。

2）国民经济现状，包括 GDP 总量、分产业 GDP 增速及一、二、三产业比例等信息。

3）社会经济发展规划，包括 GDP 增速情况、产业结构调整情况、重点发展产业、其他经济指标等信息。

（2）电力系统现状

1）供用电现状，包括规划区内供电企业性质、供电面积、供电人口、售电量及线损率、供电可靠率（RS-3）、电压合格率、用电负荷状况等信息。

2）电源情况，包括规划地的电源建设现状，建设计划，系统与系统之间、地区与地区之间的电力电量交换等信息。

3）输变电现状，包括各级电网结构、各输电线路、各电压等级变电站等信息。

4）电网运行情况，包括规划区输配电网的设备及运行现状等信息。

3．电网现状及问题分析

电网现状分析主要包括规划区的功能定位、地区社会经济概况、规划区电力需求现状分析、电源现况及电网规模、网架结构、运行情况分析等，剖析电网存在的主要问题及问题产生的原因。电网现状及问题分析是电网规划的重点，根据收集的电网现状信息，详细分析当前电网存在的主要问题，尽量在规划中解决，使规划的电网能更安全、经济、稳定运行，以能适应经济发展的需要。客观全面地掌握现状电网运行情况和电网存在的薄弱环节，便于有针对性地提出规划解决思路和措施。

4．电力需求预测

根据规划区内社会经济发展规划和当地历史用电情况，进行电量及负荷需求预测，包括总量、分区预测和空间负荷预测，以便于变电容量估计和变电站布点。电力负荷发展趋势是电网规划的重要基础条件，电力负荷的预测和分析除了对总量方面的预测外，由负荷的构成所决定的负荷特性对确定电网的运行方式、网架结构、电源调峰、系统调压等特性都有重要指导意义。影响电力需求的因素很多，并且具有诸多不确定性，一般采用多种方法进行分析预测，提出高中低预测方案，并选定一个推荐方案作为电网规划设计的基础。

5．电源建设

电源建设主要是根据各地电源前期工作情况（流域规划、可研、接入系统等）

了解规划前期电源的建设情况。结合本地区用电需求和负荷特性，对规划期内新建的电源提出系统技术要求，并建议其投产时序。若规划区内有水电电源，还应了解其运行特性，诸如水库调节性能，丰、枯出力，多年平均发电电量情况，等等。

6. 电力电量平衡

电力电量平衡的目的是研究电力系统的供需关系，既是对电源建设方案的复核，更重要的是分析量化各区域、电压等级间的电力电量流量，其任务是根据预测的负荷水平和分布情况，对存在变化的电源利用容量、备用容量选取等方面进行调整，并对规划区内电源进行分区电力平衡及变电容量测算，作为后续主网变电站布点的基础。

7. 变电站选址定容

1）变电容量估计。分层分区抵扣用户负荷及下级电网层次的电源出力得出计算负荷，计算负荷考虑一定的容载比即得出该区域所需的变电容量。

2）变电站布点。根据变电容量估计，扣减已有的变电容量，得出规划年需新上的变电容量；再根据预测的负荷分布，即可得出新上变电站的布点。

8. 网架结构论证

电网结构对电力系统运行的经济性、可靠性及调度控制的灵活性均有很大的影响，在进行电网的网架结构规划时，一般分为方案形成和方案校验两个阶段。实施过程中应分层进行，分电压等级进行，近期与远期相结合，美观与实用相结合，避免高低压电磁环网、电源过于集中、电源容量与送出的电压等级不相适应等不合理的网架结构，以满足电力系统经济性、可靠性与灵活性等各方面的基本要求。

9. 电气计算

电气计算是分别在正常运行方式和"N-1"运行方式下对规划电网的潮流计算校验和短路电流计算校验。潮流计算是电力网络设计及运行中最基本的计算，对电力网络的各种设计方案及各种运行方式进行潮流计算，可以得到有评价作用的电网稳态运行状况，以验证潮流分布和电压水平的合理性。短路电流计算的主要目的：一是验算已有断路器需更换的台数，选择新增断路器的额定断流容量；二是对今后高压断路器等设备的制造提出短路电流方面的要求，以及研究限制系统短路电流水平的措施。

10. 输变电项目建设及投资估算

汇总规划期内的输变电建设项目，并提出投资估算结果，根据要求情况进行项目分析。对每个输变电项目均需列出明细，最后得出分年度、分电压等级的建设规模、投资规模、规划期末电网的总规模。

11．规划成果评价

对申网规划方案进行供电能力评估、线损评估、可靠性评估、抗灾能力评估和经济评价等，分析规划项目的可行性，以及规划期末将取得的经济效益和社会效益。

第三节　电网规划工作的重点及难点

电网规划的优劣直接关系区域国民经济的发展和人民生活水平的改善，具有社会效益和经济效益。如何根据区域经济发展情况，通过科学的电力预测制定合理的规划是目前的工作重点。随着形势的发展和规划工作的深入，规划所涉及信息更加多元，处理方法愈加复杂。现阶段，电网规划中的重点难点主要包括以下方面。

1．数据的收集与整理

社会发展，电力先行；电力建设，规划先行。电网规划涉及地区概况、经济发展、能源资源、电源装机、负荷需求、网架结构等多方面的大量数据，并且数据分散在社会、政府、供电企业的多个单位及部门，规划数据收集要求全面、准确，因而收集难度较大。资料收集阶段所收集的大量、冗杂数据中必然包含不可用的数据，而数据的处理、分析要求够深度，因而如何对这些数据进行处理、甄别，为电网规划寻求有用、可用的信息直接关系电网规划结果优劣。

2．负荷预测

电力负荷的计算预测是电网规划的基础，电力负荷的发展水平是确定供电方案、选择电气设备的重要依据。它关系规划区域的电源开发、网络布局、网络连接方式、供电设备的装机容量及电气设备参数的选择等问题的合理确定。

电网规划的目的一方面是解决现状电网存在的缺陷与不足，另一方面使电网有序扩展以满足不断增长的电力需求。但是，负荷的预测是一项较为复杂的工程，其涉及用户数量、用户性质、设备类型、年用电量、最大负荷及年负荷最大利用小时数等诸多因素。

负荷预测的准确程度直接关系变压器容量、电网结构、电压等级、导线界面的选择，也会对整个网络布局的合理性造成影响。预测结果过大会造成资金的浪费、设备的积压，预测结果过小会阻碍电网进一步发展。

负荷预测技术发展到今天，理论和模型已经很多，但仍然存在诸多问题。

（1）预测精度难以提高

负荷预测作用的大小主要取决于预测精度，所以如何提高预测精度是目前研究电力负荷预测理论与方法的重点。精确的电力负荷预测不容易做到，主要是由于以下原因。

1）未来各种可能引起负荷发生变化的情况，并不能事先确切地全部掌握。

2）随着电力系统规模的日趋庞大，社会的迅猛发展，影响负荷变化的因素越来越多。

3）某些复杂的因素，即使知道它们会对负荷产生影响，但要定量地准确判断其影响非常困难，例如，近年来的气候变化很快，对负荷的冲击就很明显。

4）数据资料可能不全面、不确定。

5）没有一种足够完善的理论方法完全适用于所有的电力负荷预测场合。

6）在预测中所发生的许多实际问题，还决定于预测人员自身的判断能力和经验。

（2）计算的复杂性

许多预测方法都需要迭代计算才能进行建模和预测，往往预测精度只提高一点点，而计算量要成千上百倍地增加。

因此，负荷预测尽量在全面收集信息的基础上，通过多种方法进行预测，并相互校核、验证，最终得到合理、准确的负荷水平。

3．电力电量平衡

电网规划的目的之一就是规划年电力供需平衡。电力电量平衡是根据规划年的负荷需求确定电力系统规划年的装机容量及需新增容量。近年来，一方面由于煤电矛盾日益突出、新能源等间歇式能源大规模接入，电力电量平衡面临的不确定性和复杂性显著增多，给电网电力电量平衡工作带来了更大挑战；另一方面随着特高压电网建设，跨区跨省电力电量交换成为电力电量平衡的重要内容，对统筹考虑全网资源优化配置水平提出了更高要求。电力电量平衡目标呈现多元化，电力电量平衡分析需要考虑的因素更加复杂化。

4．网架规划

合理的网架结构是电网安全、稳定的基础，能有效地降低网络损耗，减少施工投入。通过优化配电网网架结构，可以为电力企业提升人力和物力及资源的有效利用，同时可以有效降低建设投资和维护方面的费用，提高系统运行经济效益。但网架规划是一个多约束、非线性、多目标的组合优化问题，可靠性和经济性是其主要规划目标。然而，如何在规划中兼顾可靠性和经济性要求，在满足一定可靠性的前提下实现经济最优是一个值得深入研究的问题。此外，网架规划易受自然环境、经济发展等因素影响，可落地性亦是不容忽视的问题之一。

5．项目及时序安排

电网的投资往往是有限的，只能满足建设有限的建设项目的需要，对于大量的待建项目需要优化选择。电网规划建设项目的优化决策实际上是一种资源分配的优化问题，即如何以综合评判的结果为依据，结合现状网的实际情况，并且考虑各项目的成本及资金预算的约束条件，优化得到最佳的项目组合使其对电网的贡献最大。

6．市场化下适应性与风险评估

常规的电网规划方案的评估手段一般均是基于传统模式的大环境来考虑，并没有考虑电力市场化运营之后，各个规划方案是否仍能具备传统模式下的经济性、可靠性、适应性等指标。在电力市场大环境下，诸多不确定性因素的出现，使得对电网规划方案进行合理、综合、全面的评估变得更加复杂与困难，同时，按照常规模式进行的电网规划方案，也不可避免会在市场环境下面临诸多的不可预知的风险。

7．技术经济评价

为了保证电网规划方案的技术先进性和财务可行性，对电网规划开展评价工作十分必要，然而电网建设作为国家或地区的动力命脉，必须以保证各项技术指标符合相关要求为前提，因此相应的各种技术限制在电网规划方案制定阶段就应当考虑，而并非通过电网规划方案技术经济评价来保证。对电网企业而言，考虑在满足技术限制的前提下，如何构建更为经济合理、技术先进的电网，对电网规划进行技术经济评价更加具有实际价值，电网规划方案技术经济评价作为电网规划评价的重要组成，其重要性毋庸置疑。

目前的电网规划方案技术经济评价研究均以项目投资决策分析为思路，大都只将通用的项目建设评估传统方法简单沿用到电网规划领域，并未充分计及评估对象——电网规划自身的特征，因此与其他领域的技术经济评价区别不大，这导致在电网规划方案技术经济评价中存在如下不足。

1）目前规划仅进行投资估算统计，未进行投资分析及评价。即一般只是粗略地计算电网建设所需的各种设备的造价，然后根据对设备的总投资来比较不同方案的经济性。这种方法虽简单直观，但既不科学也不合理。

2）投资估算因为阶段原因，精确度较低。例如，未能计及长期的营运维护费用，未能结合电力项目的建设和运行周期，合理确定研究的时间段，导致计算研究的周期选择不尽合理，从而影响分析结论。

3）目前的方法、导则及软件主要针对具体工程项目，未能结合电网自身的特点提出电网规划方案技术经济评价适用的手段和指标。

4）技术经济评价需要对投入和产出都进行较准确的估算，目前大都将研究目标集中在电网建设的投入方面，而在电网规划方案技术经济评价的产出方面（对售电量的预测、资产的形成等）研究相对较少，造成该方面存在一定的滞后。

5）技术经济评价中，对方案的敏感性分析和风险分析工作开展欠缺。电网规划方案的经济性受到诸多不确定性因素的影响，如果采用简单的技术经济评价方法挑选出电网规划方案，其可能在建设初期是经济性最优的，但随着时间的推移，就可能因为进行电网规划时所依据的条件、参数在真正实施后发生了变化，使得原来经济性最优的电网规划方案在实施后并不最优，从而造成经济损失。

第四节　电网规划成果评价

电网规划的最终目的是解决电网存在的问题及满足负荷发展需求，电网规划是电网安全、经济运行的重要基础，电网的规划水平和质量直接影响电网供电的安全性、可靠性和经济水平，因而电网规划的关键是能否解决如下问题。

1. 解决现状电网存在问题

现状电网重过载线路、主变不平衡、不满足"N-1"校验、电压偏低、供电可靠率不达标等诸多问题的发现依赖现状资料的全面、完整。电网规划结果是否合理的首要评价标准是规划是否对历史、现状资料进行了有效收集，是否对现状电网的各项情况进行了全面的准备分析，即资料的收集是否为规划方案奠定了良好的基础。此外，能否对所辖区域电网、电源及用电负荷情况进行全面有效的分析和了解，及时发现电网中可能存在的问题，并在此基础上对现阶段电网的运行情况进行综合考虑，针对性地做好电网规划工作亦是规划结果评价的重要标准之一。

2. 满足负荷用电需求

电力系统的功能是实现电源与负荷之间的有效连接，完成电力的有效送出与使用。因而衡量电网规划是否能够满足用户用电需求有以下几个方面。

第一，规划是否坚持面向用户可靠性的规划理念，将提高供电可靠性作为电网建设改造的核心目标是规划的出发点。

第二，规划的目标网架能否安全、可靠、经济地向用户供电，并且具有必备的容量裕度、适当的负荷转移能力、一定的自愈能力和应急处理能力、合理的分布式电源接纳能力，从而提高配电网的适应性和抵御事故及自然灾害的能力。

第三，规划是否遵循差异化原则。即能否根据不同区域的经济社会发展水平、用户性质和环境要求等情况，采用差异化的建设标准，合理满足区域发展和各类用户的用电需求。

第四，能够满足新型负荷接入需求，即充分考虑分布式电源及电动汽车、储能装置等新型负荷的接入需求，因地制宜开展微电网建设，逐步构建能源互联公共服务平台，促进能源与信息的深度融合。

3．电网协调配合

电网规划涉及多个电压等级，通过电网规划，各电压等级的配电网规划应互相配合，满足地区经济增长和社会发展的用电需求。此外，输电网与配电网应相互协调，进而增强各层级电网间的负荷转移和相互支援，构建安全可靠、能力充足、适应性强的电网结构，满足用电需求，保障可靠供电，提高运行效率。

4．资产成本优化

配电网规划应遵循资产全生命周期成本最优的原则，分析由投资成本、运行成本、检修维护成本、故障成本和退役处置成本等组成的资产寿命周期成本，进行多方案比选，满足电网资产成本最优的要求。

电网属于多属性且总体优劣程度受多种因素影响的大型复杂系统。对于这种系统来说，综合、全面而又科学地考虑这些属性或因素，是进行总体性评价的必要条件。在评估过程中，不同的理论和方法从不同的侧重点出发，以各自科学有效的处理方式，确定各单项指标及其关系，进而建立综合评价指标体系。

总体来说，电网规划设计是一项复杂艰巨的系统工程，具有规模大、不确定因素多、涉及领域广的特点。规划方案本身带有预测和仿真特质，与电网的历史和未来都密切相关，电网规划方案本身的优劣和方案的实施程度对电网的经济技术和适应发展水平起关键作用。对电网发展方向的把握，是通过电网规划方案的确定和实施实现的。为了在电网规划方案确定之际，对电网进行预测分析，真正把握未来电网的建设和运行水平，强化对电网的主动管理水平，迫切需要对电网规划方案进行综合评价。这是保证电网规划质量和未来电网供电水平的重要手段，因此，对电网规划进行评价具有举足轻重的作用。

第二章　电网规划的边界条件

一个问题的解决具有各种约束条件，即边界条件。同理，在开展电网规划工作时，其对象是一个具体电网，若想获得切合实际的规划方案，首先必须对其边界条件进行准确的把握。边界条件作为电网规划应该满足的基础条件，对于电网规划的最终成果有着直接而显著的影响。若边界条件定位不准，电网规划的最终成果就没有实际的应用价值，任何优秀的规划方法也不可能取得切合实际的规划方案。因此，本章首先对电网规划的边界条件做出系统的分析，进而对整个规划工作进行指导。

第一节　多维边界条件空间

电网规划的边界条件涵盖面广，其表现形式复杂且多样。因此，在开展电网规划之前，需要建立电网规划多维边界条件空间 MBCS，对其进行分析和把握，进而引导电网规划有序地开展。电网规划的多维边界条件空间可能存在很多维，主要包括以下几个方面：电网规划的设计依据 DB 约束边界、电网规划的时间 T 约束边界、电网规划的空间 S 约束边界、电网规划的深度 D 约束边界、电网规划需达到的指标 TI 约束边界等，如图 2-1 所示。

图 2-1　电网规划多维边界条件空间

电网规划的设计依据为电网规划多维边界条件空间中的第一维，包含技术标准、市政发展规划、电源情况和上下级电网情况；电网规划的时间为电网规划多维边界条件空间中的第二维；电网规划的空间为电网规划多维边界条件空间中的第三维，包含地理空间和电气空间；电网规划的深度为电网规划多维边界条件空间中的第四维，包含规划的变电站规划、主网架规划和重点内容研究；电网规划需达到的指标为电网规划多维边界条件空间中的第五维，包含可靠性指标、经济性指标和灵活性指标。以下各节对电网规划的各个约束边界进行具体叙述。

第二节　电网规划的设计依据

电网规划的设计依据为电网规划多维边界条件空间中的第一维，包含技术标准及导则、市政发展规划、电源情况和上下级电网情况，具体如下所述。

一、技术标准及导则

电网规划必须遵守国家有关法律和各类技术标准、原则，结合各类社会经济发展规划，坚持安全可靠、运行灵活、稳健、经济合理、创新并举的原则，坚持统一规划，努力实现全域电网资源最优配置。进一步，电网规划必须结合电力系统自身的特点，规划成果应综合考虑后续设计、建设、运行、维护各环节的要求，全面贯彻分层分区原则，简化网络接线，防止大面积停电事故，满足安全供电的要求，满足用户对电能质量的要求。另外，各电网企业的地理位置、电网规模、运行习惯、发展阶段不同，其对电网规划的要求也有差异。总体来说，电网规划需满足的技术标准及导则分为国家级、行业级和企业级三类，具体如下所述。

（一）国家级

国家级电网规划技术标准及导则是由国家层面出台对电网规划起宏观指导作用的标准及导则，该标准及导则不仅针对电网规划提出要求，同时考虑了与电网相关的其他行业的要求及规范，是电网规划需要遵从的最基本的标准，如《城市电力规划规范》（GB/T 50293—2014）、《城市配电网规划设计规范》（GB 50613—2010）等。

（二）行业级

行业级电网规划技术标准及导则是由电力主管部门根据电力行业的具体特点和建设、运行要求提出的电网规划阶段所要遵从的各项标准和原则，该技术标准及导则相对国家级电网规划技术标准及导则更加具体和深入，对电网规划的开展有直接的指导作用，主要包括《电力系统设计技术规程（试行）及编制说明》（SDJ 161—85）、《电力系统设计内容深度规定》（SDGJ 60—88）、《电力系统技术导则（试行）》（SD 131—84）、《城市电力网规划设计导则》（Q/GDW 156—2006）、《农村电网建设与改造技术导则》（DL/T 5131—2015）、《电力系统安全稳定导则》（DL 755—2001）、《中华人民共和国工程建设标准强制性条文》（电力工程部分）等。

（三）企业级

我国企业级电网规划技术标准及导则主要由国家电网公司、南方电网公司和地方电网公司制定，由于电网企业所处地理位置、社会经济发展状况、电网基础、运行管理习惯等不同，技术标准及导则也各具特色。国家电网公司的技术标准及导则主要包含《城市电力网规划设计导则》（Q/GDW 156—2006）、《城市中低压配电网改造技术导则》（DL/T 599—2005）、《城市配电网技术导则》（Q/GDW 370—2009）、《县城电网建设与改造技术导则》（Q/GDW 125—2005）等，南方电网公司的技术标准及导则主要包含《中国南方电网县级电网规划设计导则（试行）》《中国南方电网公司110千伏及以下配电网规划指导原则》等，此外各地方电网公司也有关于电网规划的各类指导性文件。

二、市政发展规划

市政发展规划的基本内容是依据城市的社会经济发展目标和环境保护的要求，根据区域规划等更高层次的发展规划的要求，在充分研究城市的自然、经济、社会、文化和技术发展条件的基础上，结合城市发展战略，预测城市发展规模，选择城市用地的布局和发展方向，按照工程技术和环境的要求，综合安排城市各项工程设施，并提出近期控制引导措施。电网是为社会经济发展服务的，经济要发展，电力需先行。社会经济的发展，离不开可靠的电网保障，是否拥有容量充足、结构合理、调度灵活、安全可靠的现代化大电网关系一个地方的综合实力。一方面，电网规划必须满足市政发展规划，为地区发展提供坚强可靠的电力支撑。另一方面，电网的变电布点、线路走廊、电能分配等必须与市政发展规划紧密结合，将其纳入市政发展规划，保证电网规划成果的可落地性。比如，电力走廊的规划就必须与市政发展规划紧密结合，充分利用、规划好有限的城市电力走廊资源，才能达到既满足城市规划要求，又满足电网可靠性、经济性要求的目的。因此，要使电网规划与市政发展规划的结合真正具有较强的可操作性，变电站站址用地和线路走廊红线不能只停留在规划文本上，必须将这些在市政发展规划中以具体方式来落实，以纳入市政发展规划统一管理，形成强制性的约束条件。

三、电源情况

一般来说，发电资源的自然分布情况决定了电源点的位置及容量，负荷的需求决定了电源规划建设的规模及时序。电网的基本作用之一是保证电源出力能够安全可靠地送至负荷中心。因此，电网规划必须紧密围绕电源规划开展。电源情况是电网规划的重要边界条件之一，主要包括电网规划期间电源（现有和新增）的情况，包括电厂位置、装机容量、单机容量等；对水电厂，除上述参数外，还应有不同水文年发电量、保证出力、受阻容量、调节特性等参数。当电网规划确定某一特定时期的负荷预测之后，电源情况必须满足一定可靠性水平条件下以最低的费用来确定新建立的电源安排，并且需要保证满足社会对电能的用量需要。在当今电网、电厂分离的形势下，电源与电网所有者是相对独立的市场主体，发电与输电由发电公司与电网公司分别负责，电网企业负责电网建设发展，发电企业则是基于负荷需求和自身发展战略规划建设电源。这就使得电源与电网规划缺乏统一协调，要全面协调发展就需要将电源发展与电网建设进行衔接，促进电网规划的全面协调发展，才能制定具有前瞻性和战略性的发展规划策略。

四、上下级电网情况

上下级电网与本级电网作为一个密不可分的整体，虽然在电压等级与担任的输电、配电、用电角色不同，但在将电能输送至用户的过程中起着一致的作用。各级电网的发展必须协调，否则就会给电网的安全、可靠和经济供电造成巨大影响。因此，上下级电网与本级电网的规划之间的约束与配合关系必须着重考虑，以解决电网整体"N-1"备用重复、供电能力不协调、电网供电能力发掘不充分、整体经济性不优化等问题。各级变电站是上下级电网协同的关键纽带，也是上下级电网与本级电网协同规划的主要切入点。

第三节　电网规划的时间

电网规划的时间为电网规划多维边界条件空间中的第二维，对电网规划的内容、深度有重要的约束作用。电网规划是对未来电网做出的科学合理的安排，规划时间跨度越大，所能得到的确定性信息越少，信息的模糊度越大，颗粒度越粗。因此，电网规划的期限不同，规划工作的侧重点也不同。时间距离越近，规划内容越详细；时间距离越远，规划内容越宏观。电网规划期限宜与国民经济和社会发展规划期限相一致，应包括近期（5年内）规划、中期（5～10年）规划和长期（15年以上）规划。我国用电负荷在一定期限内是持续增加的，因此电网规划必须根据近期用电需求增长情况，确定合适的电网项目及建设时间。电网规划既要顾及当前电力需求增长、节省投资的要求，又要满足电网未来发展、减少未来投资的要求，必须坚持以近期为主、远近结合的原则，在详细论证区域负荷长期发展的基础上，确定电网的合理布局。

近期规划与现有电网关系密切，它从当前的电网入手，将预测的近年的负荷分配到现有的变电所和线路中，进行潮流分析等各项检验，以观察电网的适应度，针对电网中存在的问题，决定新建、改造方案。电网建设项目从设计到建设投运通常为 1～3 年，因此近期规划阶段对电网项目后续设计、建设必须具有详细具体的指导作用。这就要求近期电网规划侧重于具体项目梳理的准确性和项目的可实施性。中期规划应该在做好近期规划的前提上，详细地论证分析以后十年电网的发展进程。中期规划在中期负荷预测的基础上，着重从满足负荷需求、完善网架的角度进行规划工作，其重要成果是运行可靠灵活的网架及其过渡方案的安排。中期规划的目标网架及其过渡方案一方面要依据现状的网架和地理特征（道路、走廊、管线等）；另一方面反过来也可以对相关的其他规划部门提出要求（交通、市政等）。远期规划则需要以中期规划的电网布局为前提，预测远期的饱和负荷，科学合理地规划饱和网架，并进行各项计算校验。因此，远期规划主要考虑电网的长远发展目标及电力市场的建立和发展，进行饱和负荷水平的预测研究，并确定电源布局和饱和网架，使之满足远期预测负荷水平的需要。需要特别说明的是，对于经济不发达地区，负荷水平低，远期（15 年）负荷水平并不饱和，此时其网架规划成果相当于中期目标网架，不能等同于饱和网架。

第四节　电网规划的空间

电网规划的空间为电网规划多维边界条件空间中的第三维，包含地理空间和电气空间，具体如下所述。

一、地理空间

电网规划按照地理空间可划分为城市电网规划和农村电网规划，明确规划的区域是厘清边界条件的重要一环。我国城乡发展的不平衡性，城市电网与农村电网的作用、规模、建设水平的不一致性，规划的原则和标准均有所不同，因此首先必须明确规划的地理空间。

（一）城市电网规划

城市电网的范围包括城市行政区划的全部地区内的各级电网。城市电网规划是城市电网发展和改造的总体计划。它是城市总体规划中的重要组成部分，也是各层次规划的一个重要内容，在城市总体规划、分区规划、专项规划和控制性详细规划中都能得到充分体现。城市电网规划是一项复杂的系统工程，它不仅需要大量有关城市电网发展的历史数据，还需要对现状网络进行深入的分析，同时，也要对城市的未来发展情况有比较全面的了解。城市电网规划的好坏能够在一定程度上体现这个城市整体的规划情况，对电网进行规划是为了满足广大城市民众对电力的需求。要想使一个城市的电力系统符合国家规定标准，就必须从城市电网的编制做起，做到一切从实际出发，在深入研究分析该城市电网情况的基础上，提出科学合理的电网规划方案。

（二）农村电网规划

农村电网的范围包括县（包括县级市、旗、区，以下简称县）辖区域内城镇、农村或农场及林、牧、渔场的各类用户供电的 110 kV 及以下各级电网。目前我国的县级电网总体架构仍比较薄弱，整体发展水平不均衡，多数地区与国内经济发达地区仍有较大差距，随着农村电力需求的迅速增长，现有的农村电网供电设施已不能适应农村用电发展的需要。农村电网规划要按照相关标准和规程进行编制，并且要符合相关深度要求。农村电网规划的主要内容包括：区域概况和总体规划情况；电网现状及存在问题的分析；负荷分析及预测；电力电量平衡；县级电网规划目标与主要技术原则；电源建设及网架规划；调度、通信、自动化规划；近期项目安排和投资估算；经济效益分析；绘制县级电网规划图；编写县级电网规划说明书。

二、电气空间

电网规划范围按照电气空间可划分为输电网络规划（220 kV 及以上）和配电网规划（110 kV 及以下），电网的功能不同，其规划思路、方法及手段也不一样。输电网是通过高压、超高压输电线将发电厂与变电所、变电所与变电所连接起来，完成电能传输的电力网络，又称为电力网中的主网架。配电网是从输电网或地区发电厂接受电能，通过配电设施就地或逐级分配给用户的电力网。

（一）输电网络规划

作为电力系统的重要组成部分，合理的输电网络对于提高系统运行的经济性和可靠性有重要的作用。输电网络规划以电源规划和负荷预测为前提，在现有电网方案和给定待建线路的基础上，规划未来某一时间输电网网架结构和输电线路容量，以达到规划期的输电能力要求，并满足可靠性指标和经济性优化。从数学的角度来讲，输电网络规划是一个含多个约束条件的非线性混合整数规划问题，不经简化的输电网规划模型具有离散、非线性、多目标等特点。在忽略系统不确定性因素作用的情况下，确定性输电网规划假设未来电源状况及负荷水平已知。输电网规划可划分为单时段规划和多时段规划：单时段规划是指未来某一水平年规划，即为静态规划；多时段规划是将规划期划分为若干时间区间，规划过程需给出每个时间区间的规划方案，整个规划过程形成动态的规划序列。

输电网规划中电压等级的选取也需要格外斟酌。500 kV 变电站变压器绕组常用电压等级为 500/220/35 kV，其中 35 kV 为补偿绕组。500 kV 变压器绕组能否采用 500/220/110/35 kV 电压等级，其中 35 kV 为补偿绕组是值得探讨的问题。理论上存在可行性，如增加了 110 kV 绕组，可直供 110 kV 负荷，减少 220 kV 变电站布点，避免重复降压，节能降耗，节约电网工程投资；但是将增加 500 kV 变电站的复杂程度、运行维护和变电站出口段的出线走廊的难度，增加 500 kV 主变压器（以下简称主变）的制造难度，降低 500 kV 变电站的供电可靠性。220 kV 变电站变压器绕组电压等级分为 220/110/35 kV 和 220/110/10 kV 两种。具体电压等级的选择应根据 35 kV 或 10 kV 电压等级的需求情况，进行仔细的探讨论证后确定。根据我国各级电压输送能力统计，220 kV 输电线路输送容量为 100～500 MW，传输距离为 100～300 km；110 kV 输电线路输送容量为 10～50 MW，传输距离为 50～100 km；35 kV 输电线路输送容量为 2～10 MW，传输距离为 20～50 km；10 kV 输电线路输送容量为 0.2～2.0 MW，传输距离为 6～20 km。选择 220 kV 变电站电压等级时，应根据具体情况区别对待。在城市中心等 10 kV 负荷密集区且没有 35 kV 负荷的供电区域外，可选择 220/110/10 kV 电压等级，其余应选择 220/110/35 kV 电压等级，以加强公用电网的适应性。

（二）配电网规划

配电网是电力网络中最接近用户的部分，对其进行科学的优化规划，可以保证电网改造的合理性和电网运行的安全性和经济性，提高配电网供电质量。配电网规划是根据规划期间负荷预测的结果和现有网络的基本状况，确定最优的系统建设方案，在满足负荷增长和安全可靠供应电能的前提下，使配电网的建设和运行费用最小。配电网优化是指利用配电自动化的网络重构功能实现故障恢复或者降低运行损耗，优化配电网运行方式。

配电网规划中电压等级的选取也需要格外斟酌。110 kV 变电站变压器绕组电压等级分为 110/35/10 kV 和 110/10 kV 两种。如果在边远及负荷密度较低且急需加强 35 kV 网架的区域，或周围有少量 35 kV 用户但又没有更合适的接入点的区域，其 110 kV 变压器绕组应采用 110/35/10 kV 电压等级，其余应主要采用 110/10 kV 电压等级。35 kV 变电站电压等级为 35/10 kV。由于 35 kV 变电站供电能力有限，主要适用于边远及负荷密度较低地区或紧靠 35 kV 电源点区域，为了简化电压等级，在经济发达地区原则上应不再新增 35 kV 变电站布点。

第五节　电网规划的深度

电网规划的深度为电网规划多维边界条件空间中的第四维，包含变电站规划研究、主网架规划研究和重点规划内容研究，具体叙述如下。

一、变电站规划研究

变电站规划研究是指对规划设计水平年电网进行分地区电力平衡，初步确定分区之间的电力流向。根据分区分片电力负荷和电源情况，对最高电压电网和次高电压电网的电力供需平衡进行计算分析初步确定规划期内新建变电站的布点及规模，计算变电容载比，必要时还应对各分区内变电站的个数和容量之间的关系进行技术经济比较分析。

二、主网架规划研究

主网架规划研究是指分析本地区在电网中的地位和作用，以及受送电的起落点、输送容量和可能的输电途径、方式、通道等。根据区域内电源、变电站分布特点，研究优化网架方案及最高一级电压网架结构。应进行电压等级和输电方式的选择，包括主网架最高一级电压等级和直流输电方式的论证、同一电网中电压等级的匹配与简化等。对于大型电源基地、流域梯级电站、路（港）口、坑口电厂集中的地区，应对输电通道做出统一规划，研究电厂群间的内部电网结构及其接入主网的电压等级、输电方案等。根据新建和扩建电厂规模、送电距离、送电容量、地区负荷等因素，研究电厂接入系统初步方案；研究送、受端电网之间网架的连接方案；研究受端电网无功储备、电压支撑及受电能力。在全国联网规划指导下，研究跨大区联网对本电网发展的影响及要求。

三、重点规划内容研究

当本次规划重点研究规划期及水平年主网架结构是否满足各种运行方式的要求时，其规划深度应研究输变电建设项目的优化和调整方案，进行电网潮流、稳定、无功平衡和短路电流计算，确定分年输变电建设项目、规模，提出无功补偿补偿容量、方式及限制短路电流水平的措施。当本次规划重点研究目标网架方案及对电网长期发展的适应性，以及根据电网发展需要论证出现更高一级电网的必要性和可能性时，其规划深度应研究电网结构、电网新技术应用等，进行多方案论证比较，提出变电站布局和最终规模安排、输变电工程建设规模、进度，进行无功平衡、短路电流计算，提出无功补偿容量和限制短路电流水平的措施，必要时对线路走廊和枢纽变电站站址进行规划。当本次规划重点研究电网发展的战略性问题及分析电网远景的适应性，以及出现更高一级电压的时机时，其规划深度应从战略上分析电力流向、初步的变电站布局、电网基本结构和主框架方案，计算分析短路电流水平。网架方案研究应进行必要的电气计算，从技术上论证各网架方案的可行性，应积极开展新技术应用专项研究。

第六节　电网规划需达到的指标

电网规划需达到的指标为电网规划多维边界条件空间中的第五维。电网规划方案一般按照负荷预测水平确定，而负荷预测具有不确定性，因此规划电网在满足负荷当前需求的基础上，还应该满足一定阶段内负荷不同增长模式的要求；同时，考虑电网的整体一致性，需要对电网的配合协调性进行量化分析。综上所述，结合电力专家多方面意见，确定电网规划需达到的指标体系如图 2-2 所示。

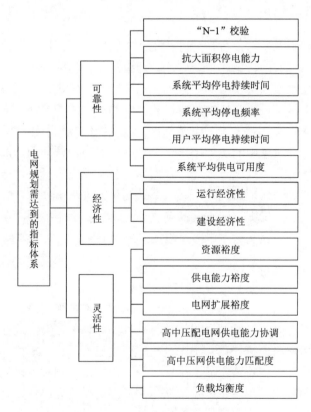

图 2-2　电网规划需达到的指标体系

该指标体系包括可靠性、经济性和灵活性三项指标，这三项指标构成一个整体，具体叙述如下。

一、可靠性指标

（一）供电安全性

配电网的供电安全性指标是指在供电的任意一个时间断面，针对一组预想故障电网能够保持对负荷正常持续供电的能力。当评价较大区域的城市电网时应考虑稳定问题，主要应考虑电压稳定指标，防止因无功储备、特别是旋转无功储备不足出现电压崩溃而引起大面积停电的危险。

在规划中一般只需考虑全年最大负荷时的安全性。对电网发生预想事故后能否保持及在多大程度上保持持续供电的能力进行评估。因此评价指标有"N-1"校验和"抗大面积停电能力"，其中 N 是指电网中某类重要设备（主要包括变电站主变和变电站出线）的总个数，1 是停运元件个数。

（二）供电可靠性

相对评价瞬态的安全性指标，可靠性是针对一个时间区间内的评价指标。电网可靠性指在电网元件容量、母线电压和系统频率等的允许范围内，考虑电网中元件的计划停运及非计划停运条件下，向用户提供全部所需的电力和电量的能力。"系统平均停电持续时间""系统平均停电频率""用户平均停电持续时间"和"系统平均供电可用度"等指标可用于反映这种能力。

二、经济性指标

电网规划方案的经济性指标是电网建设项目决策科学化、减少和避免决策失误、提高项目经济效益的重要手段。

电网的"运行经济性"主要是从网损率和设备利用率角度进行分析。电网的"建设经济性"主要从资金投入、供电收益及售电收入等角度出发，详细分析电网投资在资金流动过程中带来的供电满足程度和经济效益。

三、灵活性指标

（一）适应性

电网规划以负荷预测为基础，负荷预测的不确定性要求电网应该为后续发展留有余地，因此需要对电网适应负荷发展的能力进行评价。电网适应性指标包括："资源裕度""供电能力裕度"和"电网扩展裕度"三项。

（二）协调性

电网是一个密不可分的整体，局部负载过重或过轻，都会给电网的安全、可靠和经济供电造成巨大影响。高中压电网之间也需要良好配合，否则网络较弱的电网将会削弱较强电网的供电水平。这里所说的电网配合主要体现在高中压配电网供电能力匹配、各等级电网变电站容量匹配和负荷均衡等方面。

第七节　本章小结

边界条件作为电网规划应该满足的基础条件，对电网规划的最终成果有直接而显著的影响。若边界条件定位不准确，电网规划的最终成果没有实际的应用价值，任何优秀的规划方法也不可能取得切合实际的规划方案。电网规划的边界条件涵盖面广，其表现形式也复杂多样。因此，本章对电网规划的多维边界条件空间进行了构建，主要包含电网规划的设计依据约束边界、电网规划的时间约束边界、电网规划的空间约束边界、电网规划的深度约束边界、电网规划需达到的指标约束边界等方面。通过对多维边界条件空间的分析和把握，进而引导电网规划的有序开展。

第三章　电网规划的基础信息

电网为经济社会的发展提供必要的支撑，对电网未来的规划建设需要做出科学合理的安排，既要紧密结合社会经济的发展，也要依托电网的历史发展基础，不能完全脱离实际情况。因此，电网规划的基础工作之一就是收集社会经济和电网本身的发展情况，厘清二者的发展脉络，在全面收集、深入分析信息的基础上，再进一步开展工作。

因此，电网规划的结果的优劣主要取决于电网的原始资料收集情况及采用的规划方法的选择，二者相辅相成，缺一不可。没有完整、可靠的原始资料，再优秀的规划方法也不能取得切合实际的规划方案；没有因地制宜的规划方法，再完整的原始资料也不能得到很好的利用。为了全面了解规划电网情况，必须收集完整的电网和电网相关的信息，包括电网规划区域的经济社会发展情况、当地的电力负荷资料及电源点和输电线路方面的原始资料。收集完相关资料后，再针对本次规划电压等级电网的特点筛选需要的资料，对于部分缺失、不完整的资料通过一些的数学方法进行处理以得到可用的信息，为电网规划提供准确的信息。

本章将在边界条件模型的基础上对电网规划的基础信息及组织作详细说明，图 3-1 为本章内容的逻辑结构示意图。

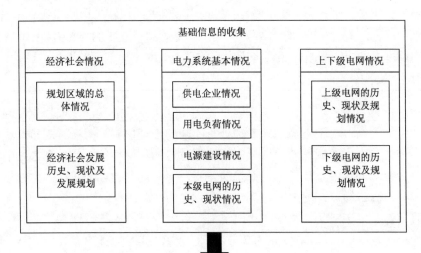

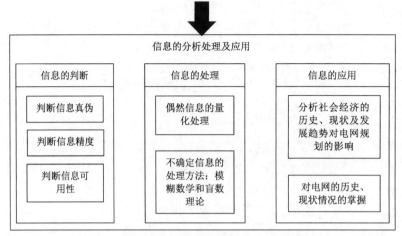

图 3-1　电网规划基础信息的收集、处理和应用

第一节　地区经济社会发展概况

一、地区基本情况

地区基本情况主要包括规划区域的地理位置、土地面积、行政区划（市州、区县、乡镇、街道等）、气候特点、交通条件、自然资源等内容。在电网规划之前，需要对规划区域的这些基本情况进行分析，分析可能会对电网造成的影响，例如，可以根据当地的支柱产业的性质判断当地负荷的特点；根据当地气候特点判断电网是否有受到洪涝、冰灾影响的可能性；根据当地供电面积和土地面积计算无电区域的比例。总之，在电网规划时需要分析电网和环境的相互影响：既要考虑地区的环境对电网本身造成的影响，还要考虑电网的建设会对当地的环境造成的影响。

1. 地理位置

地理位置是地表事物对外在客观事物的相互关系的总和，一般用于描述地理事物的空间关系，由于不同地理事物处于不同的地理位置，外在客观事物也有所不同，使得其产生地域的差异性，所以地理位置的不同往往会使地理事物的发展产生巨大差异，其中就包括电力系统的差异，不同地区的电力负荷、电网结构、电源种类、分布均存在一定差异。

我国部分发达地区（主要在我国东部沿海省份）的支撑行业为工业。中国近年来的经济发展迅猛，以前修建的部分工厂生产规模和排污能力已经达不到要求，所以许多在城市的郊区新建了工业园区，这些工业园区对电量需求量高，需要大容量、高可靠性的电力支撑，而这些郊区的原有电网结构往往较为薄弱，所以电网规划时不仅要完善电网结构，还要设立专用的工业变电站，保证提供充裕可靠的工业用电，对于制造高精密仪器的工厂，对电能质量还有特殊的要求，如对电力谐波出现有最大值的限制。同时在这些地区的城市化程度较高，随着大量的人口涌入，生活用电的量级已经是过去的数十倍之多，要在城区搭建容量裕度大的电网。随着人们生活质量的提升，对供电可靠性的要求越来越高，除去必要的检修等情况，在城市中尽量不能出现停电的情况，所以需要采用具有备用母线的城市配电网络满足可靠性的要求。

以农业发展为主的地区（主要出现在内陆地区）的电力负荷规模较小，并且地区经济发展的速度较缓和，电网规划时按较小的比例设置负荷裕度即可。这类地区的城市化程度较低（主要为农村），人口分布相对分散，所以对电网容量和可靠性要求相对不高。但是这类地区的电网现状往往存在配网供电半径过长，导致线路末端用户的电压过低，可能会造成用户电器的异常使用，所以需要在这类地区主要进行配网、农机电网的改造。

2．土地面积

地区地理面积往往对电网网架结构有一定的影响。面积较大的地区，由于电能的输送距离较远，需采用多电压等级、多种接线形式构成的综合电网结构，以保证电能传输的技术经济性最优；在面积相对较小的地区，电能的输送距离相对较短，电压等级的配合关系就比较简单，网架结构也相对简单。

3．行政区划分

我国的行政区划分为中央、省、地市、县、乡五级，相应的电网企业按网、省、市、县分为四级管理单位。由于电力输电线的网架可能跨越规划区域的行政地理区域，涉及其他地区的土地，如果电网规划中出现此类情况，在不可避免时需要向上级管理单位请示并协调。

4．气候特点

极端气候会对电网的正常运行造成严重的影响，所以在规划前需要考察当地电网是否能够在各类极端气候环境下保持安全可靠地运行。极端天气对电网造成的影响包括：强降雨造成的洪灾对电网的影响，高温热浪及其引起的高负荷对电网的影响，冰雪高寒对电网的影响，强风对电网的影响，等等。在电网规划时需要根据不同地区的气候特点因地制宜，考虑当地可能出现的极端天气及概率、周期等因素。

5．交通特点

地区地理环境会影响其交通的特点，这些特点包括主要的交通方式、道路构造情况等。以铁路为主要交通方式的地区，由于需要铁道的牵引站向车组传输电能，规划电网时需要考虑专用变电站、铁路沿线的网架结构等情况；以公路为主要交通方式的地区，主要考虑输电线路的布置时尽量避免横跨公路，否则可能会造成交通的不便，但是同时需要考虑为路灯供电。

在电网规划时同时需要考虑在建设时期、运营时期的交通便利，特别是以公路为主的地区，最好能够利用已有的道路资源修建变电站/换流站，不仅能够在建设期间提供货运通道，在后期的变电站运营时也能提供便捷的道路。

6. 自然资源

自然资源主要对当地的支柱产业及电源类型有较大的影响。例如，山西省的主要自然资源为煤矿，相应的其主要支柱行业为煤矿企业，故在电网规划时需要将这些煤矿企业作为大用户，必要时要修建专用变电站；相应地，当地的发电集团主要为火力发电，在规划电网时也需考虑其电源特点。在规划电网时，还需要尽量避免变电站的选址、线路杆塔的布置出现在自然资源开采的区域，否则在建设挖掘地基时，可能会造成对开采企业工作的不利影响，引发利益纠纷。

通过对规划区域总体情况的介绍，可以分析地区功能定位，经济社会发展的方向，以及规划区域气象和地质条件对电网规划的影响，用以指导电网规划工作，从而可以明确电网规划的周期、规模、难度、重点、区域划分等规划要点，为更好地为开展电网规划工作打下基础。

二、经济社会发展情况

电力行业是支撑国民经济和社会发展的基础性产业和公用事业，随着我国国民经济的快速发展和人民生活水平的不断提高，对电力的依赖程度也越来越高。电力需求与国民经济密切相关，电力弹性系数反映了用电增长速度与国民经济增长速度的相对关系，对国民经济的发展具有全局性的影响。

改革开放以来，我国经济进入了快速发展时期，特别是 21 世纪以来，工业化、城镇化、市场化、国际化的快速发展，拉动重工业和电力行业以超过前 20 年平均发展速度的高速增长，趋势还在继续；未来 10 年是我国全面建设小康社会的关键时期，从经济和电力发展的周期来看，我国经济和电力发展从 2010 年开始进入新一轮发展周期，这一时期，工业化进程加快，将进入深度加工化阶段，随着产业结构调整、科技进步和工业结构优化及基本实现现代化，电力行业也需要进行现代化以满足全新的需求。

随着地区经济的飞速发展，对电力行业的如供电量、供电可靠性、安全性等方面均有更高的要求。近年来全国大部分地区负荷逐年攀升，电网在为地区经济社会发展作出巨大贡献的同时，也暴露出供电能力不足、网架结构薄弱、可靠性有待提高、电网建设难度大等突出问题。为尽快解决现状电网存在的问题，需要迅速提高供电能力与供电质量，深入推进电网与其他基础设施的协调发展，不断满足社会发展的需求，支撑并促进经济发展规划的顺利实施。

在开始电网规划之前，需要对当地社会的经济形势作出准确的判断和分析，电力是为社会发展服务的，只有紧跟社会的经济发展形势建设电网，才能够在最大程度上发挥电网的社会功效。

对规划区域的经济社会的分析，不仅要准确分析现有的经济形势，还需要结合该地区的历史发展情况和未来的发展规划，在一条完成的时间轴上才能准确、完整地判断经济社会的发展动向。例如，某地区的经济现状处于中等状态，城市建设也属于三四线城市水平，并且在过去若干年的发展速度较为平缓，若该地区按此速度继续发展下去，该地区的电网建设规划仅需满足当前社会需求即可，但是如果该地区制定了未来几年大力发展的规划，例如，2017 年中央计划打造的雄安新区，此时电网的规划建设必须保证达到原有建设速度的数倍才能满足当地社会和经济的高速发展。又如一些近年来高速发展的地区，虽然历史发展速度很快，但是在未来的数年里其经济建设等处于饱和状态，地区对电力需求的增长速度也相应变慢，电网规划建设的速度需要减缓。

在分析地区历史和现状的社会经济时，需要收集的信息包括国内生产总值（GDP）、各产业生产总值、人均 GDP 及城镇化率等指标数据，对 GDP 增长速度、增长特点、产业结构变化特点、人均 GDP 增长情况进行详细分析，并总结规划区域国民经济和社会发展历史规律。电网规划中的基础部分负荷预测应以国民经济与社会发展历史数据为依据。在电网规划的负荷预测中，必要时，可将规划区域与国内外同类地区的国民经济和社会发展状况与电力需求之间的关系进行分析比较。国内外同类地区是指在历史上有过与规划区域当前类似的发展条件、发展水平，其发展过程可供参考和类比的某些地区。

在分析规划区域经济发展动态时，需要了解该地区在规划期内经济社会发展目标、产业结构发展趋势、规划区域规模及空间结构目标等内容，并明确近期建设计划及建设重点。电网规划所采用的电网规划方案与国民经济和社会发展规划，以及城乡总体规划的目标及发展方向均有密切关系。因此，在编写电网规划时，应保持电网规划与国民经济和社会发展规划，以及城乡总体规划的协调性，最大限度地避免出现因电网建设滞后制约地方经济发展的现象，为电网发展创造良好的环境。

第二节　地区电力系统基础现状信息

电网规划之前需要对当地的电力系统背景进行了解，我国电力系统经历了厂网分离的改制，并且存在许多地方独立的电力企业，这些企业控制当地的部分电网，所以需要弄清楚此次电网规划的电网具体运营的电力企业，在该电网上网的电源，以及该电网具体管辖的负荷，包括哪些片区的配网负荷、哪些大用户负荷等，只有清楚这些情况后才能掌握此次规划电网所需要达到的广度。本节将电力系统的基础信息分为规划地供电企业概况、用电负荷概况、电源建设情况三类，这些信息为电网规划需要达到的广度提供了有效的信息。

一、规划地供电企业概况

供电企业的运营内容从电网角度而言包括输电网络和配电网络，由于我国电力系统的历史原因，同一个地区可能存在不止一家供电企业，这些供电企业可能分管不同电压等级的电网，也可能分管同一电压等级的不同区域的电网，并且不同的电力企业的企业性质也可能不同，在电网规划时需要考虑一些协调工作是否能够顺利进行。供电企业的概况，包括企业性质、供电面积、供电人口、售电量及线损率、供电可靠率（RS-3）、电压合格率等，下面将对这些情况进行详细的叙述。

1. 企业性质

我国的供电企业主要是由国家电网公司和中国南方电网有限责任公司两家电力公司组成，下属包括省级、地区级、县级供电公司。这些公司的管理模式具有多元化的特点，其中省级、地区级供电公司为国家电网的子公司，为直管单位，但是县级供电公司包括既有中央直属供电企业（原直供直管），又存在趸售代管、股份制和独立经营等管理模式的企业。

在电网规划时，首先需要弄清当地供电企业的具体组成形式，一旦出现多元供电企业组成的地区，需要进行沟通协调。例如，某地级市由于电力改革较晚，国家电网只对该地区的主网建设和维护，而当地的配网建设、维护及售电均为当地的控股电力企业负责，在对该地区电网规划时，要分清变电站和线路的具体负责企业，要根据两家供电企业各自的发展策略制定相应的电网规划。

2. 供电面积

明确供电企业的供电面积，一是为了区分不同供电企业的供电范围；二是通过和当地的行政区域对比，了解当地无电区的范围，并结合政府的发展计划，在电网规划时考虑解决具体数量的无电区面积。

3. 供电人口

计算供电人口，主要用于计算人均用电量指标，以判断规划区域的用电情况。

4. 售电量

通过用电的总量即售电量，判断规划区域的用电情况，并结合当地的发展计划，对规划年的售电量进行预测，分析现有的电网情况后作出相应的改进。

5．线损率

线损是影响供电企业盈利的一个重要因素，在电网规划时，可通过一定的改进措施减小电网的线损率，完成企业的盈利目标。

6．供电可靠率

供电可靠率（RS-3），其计算公式为

RS-3=[1－（用户平均停电时间－用户平均限电停电时间）/统计期间时间]×100%

供电可靠率可以直观地反映电网的供电质量，当供电可靠率低于要求时，会在一定程度上影响用户的用电情况，严重时可能造成一些大用户的生产中断，引起设备的损坏或者产品生产的失败。所以在规划时需要分析现有电网的供电可靠率，采用一定的手段使电网建设能够满足可靠率的要求。

7．电压合格率

电压合格率指电网运行中，一个月内监测点电压在合格范围内的时间总和与月电压监测总时间的百分比，不同电压等级均有对应的电压合格率标准，当某电压等级的电网出现电压合格率未达要求时，在电网规划时需要作出相应的改进。在实际电网规划中，一旦出现电压不合格的情况，往往是多个等级的电网同时不达标。

对供电企业概况的分析可以了解规划地电网的总体概况，在规划后再对相关参数进行前后对比，分析电网规划是否得到了预期的目标。

二、用电负荷概况

按规划地内各供电企业对应的供区范围，求解电网规划区域内现状出现的最大负荷及各分区负荷的大致分布情况，得出规划地现有的用电水平，分析当地的电网现状是否能够满足负荷的用电需求；并且结合当地的发展计划，分析在规划年用电负荷对电网供电能力的具体需求，并根据这些需求提出对应的解决方案。

在分析电网的负荷时，需要注意分清楚各类用电量的具体含义，其中包括供电量、全社会用电量、售电量三种电量，只有在统一的口径下统计负荷和电量才具有实际价值。

1．供电量

供电是指供电企业将电能通过输配电装置安全、可靠、连续、合格地销售给广大电力客户，满足电力客户经济建设和生活用电的需要的行为。供电量是供电过程中在输电设备用流过的点能量，包括在输电设备中产生的、损耗的电能量，其中包括有功功率和无功功率。

2. 全社会用电量

全社会用电量是指第一、二、三产业等所有用电领域的电能消耗总量，包括工业用电、农业用电、商业用电、居民用电、公共设施用电及其他用电等，主要指电力用户使用的有功电量，其值为供电量去除损耗和无功功率之后的电量。

全社会用电量不仅包括电力企业的客户使用的电能，还包括发电厂用电消耗的电能部分，所以供电量和全社会用电量存在如下关系：

$$供电量＋发电厂常用电量＝全社会用电量＋供电量有功损耗＋供电量无功部分 \tag{3-1}$$

3. 售电量

售电量是指电力企业售给用户（包括趸售户）的电量及供给本企业非电力生产、基本建设、大修和非生产部门（如食堂、宿舍）等所使用的电量，主要指有功功率，其值等于客户用电量（不包括厂用用电量）和供电量有功损耗之和。即有

$$售电量＝客户用电量＋供电量有功损耗 \tag{3-2}$$

三、电源建设情况

虽然发电已不属于电网规划的范畴，但是完善的电力系统应当包括发电部分，在电力电量平衡中，电网有多少电力负荷，就必须有多少电源出力达到平衡，所以在编制规划时一定需要同时考虑规划地的电源建设现状及建设计划。包括规划地统调和非统调电厂（含企业自备电厂）的装机容量等数据，主要用于电力电量平衡。在电源规划中为了确定电力系统中的电源布点，也应充分了解地区内动力资源方面的资料和资源的已利用情况。现状年并网电厂的基础信息主要包括以下内容。

1）现状电厂的名称、装机容量、年发电量、电厂类型（火电厂、水电厂、核电厂、新能源电厂等）、并网电压等级、并网点、调度模式（统调、非统调）；

2）各类型电厂的新建、续建和扩建项目，以及年度内逐年新增的装机容量和退役机组容量；

3）系统与系统之间、地区与地区之间的电力电量交换。

在获取电源现状的同时，也需要获取尽可能多的电源规划情况，以便在电网规划时能够高效地利用新建的电源。

第三节 各级电网基础信息的分类收集

电网规划前需要仔细分析本次规划的网络电压等级需要关注的重点及相邻网架的特点。一般地，将电网分为输电网络和配电网络，输电网络指 220 kV 及以上

的电网，配电网络主要指 110 kV 及以下的电网，两种电网不仅在电压等级上不同，在运行的职能、网架结构、输入输出的对象都有所不同。

一、输电网和配电网

1．职能的区别

输电网运行的目的是将电源点的电能输送至负荷中心地区，由于我国地缘辽阔，自然资源的分布和城市化发展的地点又极度不重合，导致电能的传输距离往往较长，几百上千公里的输电线路十分常见，为了减少电能在输电线路上的损耗，需要将电压升至很高。而配电网则是将输电网输送的电能降压后分配至各负荷中心，其职能主要是能够为负荷中心提供可靠的电能。

2．网架结构的区别

由于输电网输送的电能数量级巨大，为了保证其传输电能的可靠性，采用的网架结构往往是双/多回输电线路。而配电网由于传输电能相对较少且传输距离较短，在非特殊情况下，一般采用单/双回输电线路。

3．输入、输出对象的区别

输电网的输入对象一般为电厂的升压变电站或开关站，也有可能是上一级输电网的变电站，输出对象一般是配电网络。而配电网络的输入对象为输电网络或者上一级配电网络，输出对象为下一级配电网络或者直接输入用户的变压器。

二、各类电网基础信息的特点

1．高压输电网络

高压输电网络主要指 220 kV 及以上的高压输电网络，包括交流和直流输电网络，高压输电网络担负着电网中远距离输送电能的主要角色。作为整个电力系统中输送电能的干道，高压输电网络承担着连接发电端和配电网的重要任务，所以在收集基础信息时，主要关注的是高压交流输电网络对应的电源情况、网架结构、变电站站址、环境影响、输电容量等。

（1）电源情况

由于高压输电网络的运行职能，需要仔细地分析其电源的情况，包括电源的地理位置、发电类型（火电、水电、核电）、装机容量及电源在未来是否有改造或扩增的情况，分析电源的特点，能够量化输电网络的输送能力。

（2）网架结构

±500 kV 和 ±800 kV 的高压直流输电网是远距离输电的电网结构，其输电的受端和送端两点之间通常为直线连接形式，其主要接线方式分为单极 HVDC 联络、双极 HVDC 联络、同极 HVDC 双联络。

500 kV 的高压交流输电网的网架结构包括环网结构和网格型结构。环网结构的特点是环网上变电站间相互支援能力强，便于从多个方向受入电力，便于采取解环或扩大环网的方式调整结构。而网格型结构的特点是线路短、相互支援能力更强、网架坚固，便于多点受入电力，缺点是短路电流难以控制，难以通过采取解列电网的措施控制事故范围。

220 kV 输电网的网架结构包括独立分区电网结构和互联分区电网结构。独立分区电网结构一般又包括双放射结构、双链结构和自环网结构三种网络结构，互联分区电网结构的形式较多。图 3-2 为独立分区电网结构，图 3-3 为互联分区电网结构。

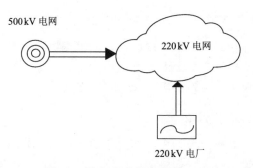

图 3-2　独立分区电网结构

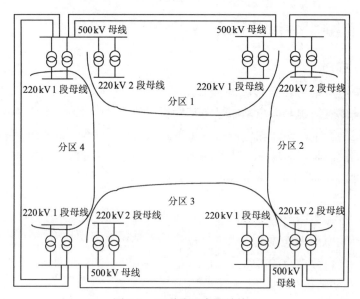

图 3-3　互联分区电网结构

（3）变电站（换流站）站址

高压输电网络输电的电压等级高、设备体积大，所以需要考察换流站的站址是否在低海拔、低地震强度、大件运输条件较好的地理位置。

（4）环境影响

高压输电网络的输电容量大、路径长，在规划时若处理不当，可能会造成对环境的不利影响，所以需要重点关注高压输电网络结构的环境影响评价，其中包括对声环境、水环境、生态环境和电磁环境的影响评价。

（5）输电容量

高压输电网络额定容量应与送端电源发展、受端负荷需求、送受端电网规模、输电距离等相适应，在规划时需要综合结合这些因素以选择合适的电压等级、网架结构。

2. 高压配电网络

主要指 110 kV、35 kV 电压等级的配电网络，这两个电压等级的电网结构在配电网中作为较远距离输送电能的网络，在收集这类网络的基础信息时，主要关注线路基本情况、变电设备、电网运行指标等，用以考察其送电可靠性、能力及负荷水平。

（1）线路基本情况

通过对高压配电网络线路的现状结构的统计和分析，可以总结出高压电网供电网络结构方面存在的问题（结构不合理、供电半径过长、线径偏小负载率高等），为在电网规划的过程中有针对性地解决电网现状存在的问题提供依据。

对线路基础情况相关信息的收集，主要从线路接线方式的统计和各线路基本情况等方面入手。高压配电网络的线路接线方式主要包括放射型、环网型、链式、T 型等，按电压等级的不同，分类统计各接线方式线路数量，可以分析得到规划区域配电网输电的可靠性是否足够高。对各线路基本情况汇总的要求也根据具体的电压等级，包括各电压等级下各线路的名称、起止点、敷设方式（电缆架空或混合）、各种敷设方式对应长度、导线型号、供电对象（公用、专用）、投运时间、线路容量（或安全电流）、最高负荷（或最大运行电流）、最高负载率和运行情况（轻载、正常、重载或过载）等。

（2）变电设备

通过对高压配电网络的变电设备现状情况的统计和分析，可以总结出高压配电网络设备方面存在的问题，如运行年限过长、无功补偿设备不足、主变负载率偏高等，这为电网规划中针对性地解决电网现状存在的问题提供了依据，对变电站内间隔的统计及下一电压等级的电网规划也有参考作用。

变电设备需要收集的基础信息主要包括：变电站名称、电压等级、变电容量

（主变台数及单台主变容量）、无功补偿容量、投运时间、站址、按运行时间分布的变压器和断路器等设备的数量、间隔使用情况、现状年最高负载率（或各主变现状年最高负载）、间隔总数及当前已占用数和负载率。

（3）运行指标

高压配电网络的运行指标通过分析计算规划区域的高压配电网络的容载比、通过"N-1"校验的主变和线路所占比例，描述规划区域的高压配电网络变电站最大负载率分布情况。

需要注意的是，首先，计算高压配电网络的容载比时，相应电压等级的计算负荷需要从总负荷中扣除上一级电网的直供负荷和该电压等级以下的电厂直供负荷。

其次，计算分类供电区容载比时，不考虑分区最大负荷同时率，主变容量采用截至现状年底的规模数，按下式计算：

$$供电区域容载比=\frac{该供电区域主变总容量}{该供电区域的年最大负荷} \tag{3-3}$$

3. 中压配电网络

中压配电网络主要指 10 kV 电压等级的电网。由于中压配电网处于电网结构的末端，网结构变化大，设备多，管理较为复杂，是包括发电、输变电和配电在内的整个电力系统与大部分普通电力客户联系、向电力客户供应电能和分配电能的重要环节，所以其基础信息的组织形式和所收集资料的内容与其他电压等级会有所区别。需要收集的基础信息主要包括：中压配电网络概况、网络结构水平、负荷供应能力、设备技术水平、重要用户情况等。

（1）中压配电网络概况

为了解中压配电网络的整体情况，简述规划区域中压配电网现状概况及规模，如对中压配电网络的设备进行统计。

除此之外，还需要统计 10 kV 电网的配电室座数、箱式变压器台数、柱上变压器台数及配电变压器的总台数、容量、单条线路配变装接容量、高损耗变压器台数所占比例等，统计 10 kV 线路的条数、长度、导线截面、电缆化率、主干线长度、架空线路绝缘化率等指标，一一统计后再进行筛选分析。

描述规划区域中压配电网络的配电线路、配变容量、开关站、环网柜及各类开关设备规模，给出开关的无油化率指标。描述中压配电设备，包括线路、配变及开关的运行情况，分析不同设备的寿命周期和运行年限分布。

（2）网络结构水平

配电网包括架空线路及地下电缆，地下电缆主要出现在城市中。其中 10 kV 架空网采用的结构主要为辐射、单联络、多联络等；10 kV 电缆网采用的结构主要为单射、双射、环网等。描述规划区域内 10 kV 架空网、电缆网及其不同结构的应用发展情况，提供典型结构示意图。

（3）负荷供应能力

配电网是电网中直接与用户连接的环节，其负荷供电能力直接反映电网的带负荷能力，分析此部分需要统计现状中压公用线路装接配变容量分布情况，中压配电网重、过载公用线路明细，现状公用线路"满足供电安全水平"校验情况，现状"不满足供电安全水平"校验线路明细，现状公用线路可转供电情况，现状不满足可转供电的有联络线路明细，现状轻、重、过载配变情况，现状重、过载配变明细，现状公用线路电压质量情况及现状公用线路不满足电压质量情况明细，等等具体数据，在筛选处理这些数据后，分析 10 kV 配电网的现状负荷供应能力，若出现供应能力不足的情况时，需对原因进行分类和分析。

（4）设备技术水平

此部分分为配电线路、中压配变、开关类设备、无功补偿设备装设情况及设备运行年限情况、残旧设备或线路情况等需要统计的信息，线路情况如现状公用线路全线绝缘化率和电缆化率情况、设备情况如现状公用高损变情况等都需要重点统计；设备运行年限情况需要描述中压配电设备，包括线路、配电变压器及开关的运行情况，分析不同设备的寿命周期和运行年限分布；残旧设备或线路情况需要统计残旧设备、线路情况，包括残旧线路区段的长度、杆塔数量、开关数量等，对设备或线路残旧的情况进行统计分类，阐述其运行状态，列出残旧设备或线路的线路明细。

（5）重要用户情况

在电网中存在一定数量的重要用户，这些用户需要很高的用电可靠率，一旦出现停电的情况，可能会造成重大损失，如医院、市政单位、大型工厂（大用户）等，所以需要分析这些重要用户的供电是否可靠。

4．低压配电网

低压配电网主要指 0.4 kV 的网络结构。低压配电网的电压等级是居民用电等级，主要包括居民住宅、供地生活用电等线路，分析这部分的线路时，需统计低压配电网的规模和设备水平及低压电网存在的缺陷。因为低压电网线路情况复杂且存在部分地区结构不合理、设备老化严重等问题，所以低压电网的现状分析工作极其依赖数据收集及统计工作的准确性和完整性，直接影响低压电网规划的工作成效，往往需要相关管理部门、开发商协助统计。

第四节　基础信息的分析处理

收集电网规划需要的基础信息后，不能立即使用这些信息，由于这些信息的收集来源、统计口径的不一致，以及存在统计人员的主观原因，导致基础信息可能存在虚假、精度过低的情况，所以电网现状的资料收集和统计的准确性、全面性、针对性尤为重要。在分析之前应该对基础信息进行分类整理，剔除其中无价值的信息或误差较大的信息，从而保障信息的精度；分别建立每一基础信息分类的问题集合，并通过分析信息的真伪、可用性和精度，对其进行处理。

一、信息的判断

（1）信息的真伪

虽然电力企业要求统计的数据较为齐全，但是在某些偏远地区，依然存在由于数据统计的困难及统计人员的业务素质不高，出现上报虚假信息的情况，所以信息收集人员在接收一手资料时需要进行真伪的判别，可通过经验判断、同类信息类比等方式，若发现有虚假信息立即重新收集资料。

（2）信息的可用性

收集的基础信息在电网规划时可能不会全部使用，所以提前根据该次电网规划的目的对需要收集的信息进行筛选，例如，对配电网的规划不需要主网的部分信息，对主网的规划不需要过于细节的配网资料。

收集的信息可能存在不完整的情况，可能是技术原因无法统计或统计人员的主观原因，需根据实际情况将信息补充完整，如实在不能补充时需要考虑一定的数据处理方法。

（3）信息的精度

收集的信息可能出现由于统计口径不一致造成数据精度的差异，这种情况往往不能通过再次收集资料获得，一般采用数学方法对这些数据进行处理。具体地可以通过对不同电压等级的电网从网架结构、变压器容量、线路型号、电网评估指标等方面的基础信息分析处理，发现电网存在的缺陷。电网规划的主要目标就是解决电网目前存在的问题，通过分析电网的现状信息后找出存在的问题，是整个电网规划的基础，其重要程度不言而喻。下面对不确定信息进行说明。

二、不确定信息的处理

电网规划工作中存在大量的不确定性信息，这些信息往往具有多种不同的性质和特点，合理、准确地描述和处理各种不确定性信息是进行经济、可靠的电网规划的前提和基础。

描述和处理不确定性信息通常有两种不同的途径和方法，一种是直接建模，这需要对不确定信息有比较系统和深入的了解和认识。另一种是预估的方法。由于概率统计的发展已相当成熟，加之当时人们对不确定性信息的认识不清，较长时间都采用概率统计的方法来描述和处理不确定性信息，虽然在处理随机不确定性信息时这种处理方法是比较合理和准确的，但把那些非随机不确定性信息如此处理，已经不能满足工程实际的要求。

1. 不确定信息的量化法

电网规划工作受到众多因素的影响如政治因素、偶然事件、国家政治经济建设策略的调整变化、国际经济形势的变化等一些无法直接以数值定量化的因素。这类不确定因素对电网规划的影响往往可以通过某些经济变量数据的变化表示出来，其影响作用的大小也是可以比较的，因此将这些不确定因素量化后，再纳入负荷预测。电网规划优化中，不确定信息的量化法是一种有效地处理不确定信息的方法。目前这方面的研究成果可归纳为以下三种方法。

（1）比值法

当所需考虑的不确定因素对电网规划的影响作用程度能够由某一历史统计量反映出来时，可以利用该历史统计量相互之间的比值将不确定因素量化。例如，政治因素直接影响工业生产中工人的劳动生产率，该影响进一步反映到工业用电负荷的变化上来，劳动生产率可用人均产量来描述。因此，在进行预测时，可利用历史上的人均产量的比值来表示各时期的政治因素的影响，将其量化。

（2）估计比较法

如果没有合适的历史统计量，就无法采用比值法。例如，用户的生活习俗的变化就很难用统计量表示出来，但它对电能的消耗量有显著影响，此时可以采用估计比较法。比如，通过对市场进行调查，分析、对比及专家评估等，将某个比较平稳时期定为基准期，设其不确定性因素的值为"1"，进一步评估出其他时期的值。

（3）层次分析法

定义如经济结构综合系数、家电参考指数、地区电力消费结构比较指数等量化指标来表征经济结构调整、收入生活水平变化和消费观念变化及电力消费结构变化等不确定因素，建立层次分析的多级递阶结构，利用逐步线性回归技术处理后求出上述因素与负荷或是电网规划方案经济性的相关系数，形成多因素间重要程度的判断矩阵，最后求出研究期间各因素产生影响的综合重要度因子，将这一量化因子以相关因素的方式加入预测模型，使电网规划中计及不确定性因素的影响成为可能。

2. 模糊理论处理法

模糊数学因其特有的分析计算，在处理不确定性因素方面具有独特的优势和长处，得到了广泛的应用。目前模糊集理论是用于处理各种主观因素较重和数据资料不完整等造成的不确定性因素最有效的方法之一。其核心在于以隶属函数描述事物间的从属、相关关系，从而能更客观地对影响电网规划的不确定性因素作出分析和推断。下面以模糊集理论中的梯形模糊数为例来演示如何应用模糊理论来处理不确定因素。

以负荷预测值为例，用模糊预测法预测一个电网某年最高负荷时可能会得出这样的结果：最高负荷 L 可能出现在 L_1 与 L_4 之间，最有可能在 L_2 与 L_3 之间。负荷的这种不确定性可以用图 3-4 所示的梯形模糊数 $\tilde{L}=(L_1, L_2, L_3, L_4)$ 表示，其隶属函数为

$$\mu_L(x) = \begin{cases} 0, & x < L_1 \\ \dfrac{x - L_1}{L_2 - L_1}, & L_1 \leqslant x < L_2 \\ 1, & L_2 \leqslant x < L_3 \\ \dfrac{L_4 - x}{L_4 - L_3}, & L_3 \leqslant x < L_4 \\ 0, & x \geqslant L_4 \end{cases} \tag{3-4}$$

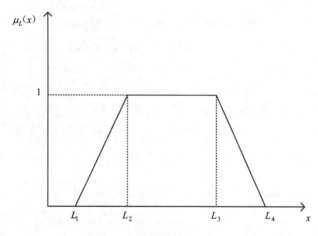

图 3-4　梯形模糊数

模糊负荷中心值为从 $\mu_L(x)=1$ 截集的平均值 $(L_2 + L_3) / 2$，其可能性分布可用其隶属函数描述。其他如发电机出力、设备故障率、网络状态概率及一些经济参数等的模糊性都可用类似方法予以描述和处理。

3. 盲数理论

（1）盲数理论原理

设 R 为实数集，α 为未确知有理数集，$g(I)$ 为区间型灰数集。

定义：设 $a_i \in g(I)$，$\alpha \in [0, 1](i=1, 2, \cdots, n)$，$f(x)$ 为定义在 $g(I)$ 上的灰函数且 $f(x)$ 满足：

$$f(x) = \begin{cases} \alpha_i, & x = a_i (i = 1, 2, \cdots, n) \\ 0, & \text{其他} \end{cases} \tag{3-5}$$

若当 $i \neq j$ 时，$a_i \neq a_j$，并且 $\sum_{i \in n} \alpha_i = \alpha$，$0 < a \leqslant 1$，则称函数 $f(x)$ 为一个盲数。称 α_i 为 $f(x)$ 的 a_i 的可信度，称 α 为 $f(x)$ 的总的可信度，称 n 为 $f(x)$ 的阶数。

设 $*$ 表示 $g(I)$ 中的一种运算，为＋，－，×，÷等中的一种。

设盲数 A、B：

$$A = f(x) = \begin{cases} \alpha_i, & x = x_i (i = 1, 2, \cdots, m) \\ 0, & \text{其他} \end{cases} \tag{3-6}$$

$$B = g(y) = \begin{cases} \beta_i, & y = y_i (i = 1, 2, \cdots, m) \\ 0, & \text{其他} \end{cases} \tag{3-7}$$

则有下列定义：

1）表 3-1 称为 A 关于 B 的可能值带边 $*$ 矩阵，$x_1, x_2, \cdots, x_m$ 和 $y_1, y_2, \cdots, y_n$ 分别表示 A 与 B 的可能值序列。互相垂直的两条直线称为纵轴和横轴。第一象限元素构成的 $m \times n$ 阶矩阵称为 A 关于 B 在 $*$ 运算下的可能值 $*$ 矩阵，简称可能值 $*$ 矩阵。

表 3-1　A 关于 B 的可能值带边 $*$ 矩阵

x_1	$x_1 * y_1$	$\cdots$	$x_1 * y_i$	$\cdots$	$x_1 * y_n$
$\cdots$	$\cdots$		$\cdots$		$\cdots$
x_i	$x_i * y_1$	$\cdots$	$x_i * y_i$	$\cdots$	$x_i * y_n$
$\cdots$	$\cdots$		$\cdots$		$\cdots$
x_m	$x_m * y_1$		$x_m * y_i$	$\cdots$	$x_m * y_n$
$*$	y_1	$\cdots$	y_i	$\cdots$	y_n

2）表 3-2 称为 A 关于 B 的可信度带边 $*$ 矩阵，$\alpha_1, \alpha_2, \cdots, \alpha_m$ 和 $\beta_1, \beta_2, \cdots, \beta_n$ 分别是 A 和 B 的可信度序列。互相垂直的两条直线称为纵轴和横轴。第一象限元素构成的 $m \times n$ 阶矩阵称为 A 关于 B 的可信度矩阵，简称可信度积矩阵。

表 3-2　A 关于 B 的可信度带边 $*$ 矩阵

α_1	$\alpha_1 * \beta_1$	$\cdots$	$\alpha_1 * \beta_i$	$\cdots$	$\alpha_1 * \beta_n$
$\cdots$	$\cdots$		$\cdots$		$\cdots$
α_i	$\alpha_i * \beta_1$	$\cdots$	$\alpha_i * \beta_i$	$\cdots$	$\alpha_i * \beta_n$
$\cdots$	$\cdots$		$\cdots$		$\cdots$
α_m	$\alpha_m * \beta_1$		$\alpha_m * \beta_i$	$\cdots$	$\alpha_m * \beta_n$
$*$	β_1	$\cdots$	β_i	$\cdots$	β_n

3）A 与 B 的可能值 $*$ 矩阵中第 i 行第 j 列元素 a_{ij} 与可信度积矩阵中第 i 行第 j 列元素 b_{ij}（$i=1, 2, \cdots, m$；$j=1, 2, \cdots, n$）称为相应元素，其所在位置为相应位置。

4）将 A 与 B 的可能值*矩阵中的元素按从小到大的顺序排成一列：$\bar{x}_1, \bar{x}_2, \cdots,$ $\bar{x}_k$，其中相同元素算作一个。若 $\bar{x}_k$ 在可能值*矩阵中有 s_i 个不同的位置，将可信度积矩阵中相对应的 s_i 个位置上的元素之和记为 $\bar{r}_i$，可得序列 $\bar{r}_1, \bar{r}_2, \cdots, \bar{r}_k$，令

$$\varphi(x) = \begin{cases} \bar{r}_i, & x = \bar{x}_i (i = 1, 2, \cdots, k) \\ 0, & \text{其他} \end{cases} \tag{3-8}$$

称 $\varphi(x)$ 为盲数 A 与 B 之*运算，记作：

$$A * B = f(x) * g(y) = \begin{cases} \bar{r}_i, & x = \bar{x}_i (i = 1, 2, \cdots, k) \\ 0, & \text{其他} \end{cases} \tag{3-9}$$

其中，在进行除法运算时要求 y_i 不包含实数零（$j=1, 2, \cdots, n$）。

（2）利用盲数理论处理电网规划中的不确定信息

由于电网规划是根据未来规划年环境的负荷水平和电源方案来确定电网结构的，在进行电网规划时势必要面临众多不确定性信息，如何准确、真实和合理地描述和处理这些不确定性信息是得到具有较高适应性、经济性和可靠性网架结构的前提和基础，对电网规划有着举足轻重的作用。从根本上讲，要求具有最佳经济性、可靠性的电网规划方案就必须得到未来规划年各种相关参数的准确信息，然而由于未来环境是尚未发生的事件，其各种相关参数的信息在规划起始年必然是无法完全预知的，所以要获取信息的准确值是不可能的，因此，只有尽可能通过对现有信息的获取和分析来最大限度地准确预测未来环境各种相关参数的信息。从一定意义上讲，对现有信息描述的准确性和合理性是进行电网规划中最重要、最基础的工作。

用盲数理论来描述和处理电网规划需要收集的基础信息时，可以同时获得不确定性信息可能出现的区间及该区间的可信度，从而丢失的信息量较少，因此更加准确合理。

考虑在电网规划中各种不确定性信息往往具有多种属性和特点，因此对不确定性信息进行描述和处理需要兼顾多个方面，必须对多个相关因素进行综合考虑，这就是一个综合评判问题。

（3）算例说明

下面以实际算例对盲数理论处理收集到的不确定性信息的过程进行说明。

在分析了某地区的基本情况和电网负荷等情况后，对未来的电网环境进行分析和预测计算，设该地区的负荷值 P_0 的波动范围可能存在 3 个：$g_1 = [a_1 P_0, b_1 P_0]$，$g_2 = [a_2 P_0, b_2 P_0]$，$g_3 = [a_3 P_0, b_3 P_0]$，并取（a_1, b_1）=（0.85,0.95），（a_2, b_2）=（0.95,1.05），（a_3, b_3）=（1.05,1.15）。

1）确定两两因素相比的判断值 $f_{g_j}(g_i)$。

a.负荷在区间 g_2 与 g_1 相比"明显可能"，故 $f_{g_2}(g_1)=1$，$f_{g_1}(g_2)=1$；

b.负荷在区间 g_3 与 g_1 相比介于"同样可能"和"稍微可能"之间，故 $f_{g_3}(g_2)=1$，$f_{g_1}(g_3)=2$；

c.负荷在区间 g_2 与 g_3 相比介于"明显可能"和"稍微可能"之间，故 $f_{g_3}(g_2)=4$，$f_{g_2}(g_3)=1$。

2）构造判断矩阵。

将上面的判断值 $f_{g_j}(g_i)$ 分别代入式（3-10）中，得到判断矩阵：

$$B = \begin{bmatrix} 1 & 1/5 & 1/2 \\ 5 & 1 & 4 \\ 2 & 1/4 & 1 \end{bmatrix} \tag{3-10}$$

3）确定盲数模型的可信度值 α_i。

计算判断矩阵 B 的最大特征根 $\lambda_{\max}=3.025$。将 $\lambda_{\max}$ 代入齐次方程求解，求得 $x_1=0.585x_3=0.171x_2$，考虑负荷在因素集内的可能性为100%，取 $\sum_{i=1}^{3}x_i=1$，于是得到 $x_1=0.117$，$x_2=0.683$，$x_3=0.2$，则最大特征根 $\lambda_{\max}$ 的特征向量 $\xi=(0.117, 0.683, 0.2)$。

因此，可以求得盲数模型如下：

$$f(x) = \begin{cases} 0.117, & x=[0.85P_0,\ 0.95P_0] \\ 0.683, & x=[0.95P_0,\ 1.05P_0] \\ 0.2, & x=[1.05P_0,\ 1.15P_0] \\ 0, & 其他 \end{cases} \tag{3-11}$$

则该地区的负荷值在 P_0 的 $f(x)$ 变化区间内。

三、信息处理后的应用

通过分析处理后的信息，找出电网目前存在的问题，一般可以通过以下几个方面进行分析。

1. 对社会经济情况的掌握

电网规划、建设的最终目的是有效地服务于社会，具体体现在对社会经济发展的支撑。所以对规划地社会经济的信息处理之后，要判断该地区的社会经济的发展情况，再与当地的电网发展情况进行对比，判断电网的发展是滞后、正常还是超前于当地的社会经济发展，这对接下来的电网规划工作有着重要的指导作用。

（1）地区社会经济发展的历史和现状

结合当地的基本情况如地理位置、气候特点、交通等，根据政府历次的"五年规划"报告及相似地区的发展情况,判断该地区的发展情况处于滞后、正常还是超前情况,再将电网的历史发展情况和社会经济进行对比,判断电网的发展处于哪一种水平。

如果电网处于超前水平(在考虑裕度时,依然超前),一般有以下几种情况。

1)电网在历次规划中紧跟政府的社会经济规划制定,并且相应的建设落实较好,但是当地政府由于某些原因没有落实计划;

2)历史的电网规划高估了当地经济社会的发展速度,对电网的建设作出了超前的计划。

如果电网处于滞后水平,一般有以下几种情况。

1)地区的社会经济滞后,导致对电网建设的投入资金不足,这种情况需要电网公司和政府加强沟通解决资金问题;

2)地区的社会经济发展过快,电网规划没有跟上节奏,这种情况需要在本次电网规划充分结合发展趋势;

3)地区的自然环境过于恶劣,对电网规划建设造成困难,导致电网建设处于滞后水平,需要采用因地制宜的电网规划方案解决问题。

无论电网的发展情况相比当地经济社会处于滞后或超前状况,均属于规划不当,滞后将导致电力无法满足社会需求,而超前将造成建设资金的浪费,在本次规划时需要对这两种情况进行成因分析,对本次电网规划进行响应调整使电网发展紧跟社会经济发展。

(2)地区社会经济发展的规划

对地区的社会经济的历史和现状分析清楚之后,还需要结合该地区的政府发展规划,综合判断该地区的经济发展情况,本次电网规划需要严格参照综合分析情况。对于未来发展突然变得迅猛的地区,对其电网规划需要留有非常充足的输、配电容量,必要时对即将发展的工业集中区规划专用变压器(即使工业区当前的负荷值不大);对于发展速度平稳的地区,在保证电网结构稳定、容量充足的前提下,需要着重关注当地政府重点发展的区域、行业,针对性地进行电网结构的改造加强;对于经济发展速度缓慢的地区,保证电网结构足够可靠,并适当作出一些修编规划。

2.对电网情况的掌握

分析地区的社会经济的同时,还需要对电网的基本情况进行了解。首先通过基础信息了解本次规划电压等级的电网现状,针对性地对该电压等级电网具有的特点和功能进行分析,判断该等级电网目前所处的情况;再对相邻电压等级的电网作同样的分析。对电网情况的分析,主要从以下几方面进行。

(1)电网结构

通过电网结构的分析,可以保障电网的技术性能和经济效益及安全、优质、经济、高效运行。在用电需求和电源不断增长的情况下，良好的电网结构能便利地实现电力的供需平衡；较好地解决资源和负荷在地理分布上不均衡的矛盾，更合理地利用远离负荷中心的动力资源，有利于利用时差及错峰效益，缓解电网调峰困难，提高设备利用率；有利于实现负荷特性互补，减缓对增加装机容量、增设大容量发电机组的需求。

　　一般来说，合理的电网结构能在满足供电需要的输送容量、电压质量和供电可靠性等基本要求的基础上，把电力系统各部分组合起来使其整体运行安全且效率高，经济上合理，并能适应系统不断发展的需要。在这样的情况下，如何正确评价电网的合理性，就显得尤为突出。合理的电网就是拥有合理的变电站位置、变压器容量，分布合理的输电线路，这些方面与诸多的因素有关，如地理位置、交通、防洪条件、供电半径、电压损失、网损、投资等。电网结构合理与否，直接影响我国电力系统的发展程度，影响电网的安全经济运行、电能质量等。因此，准确地评价电网结构，并采用有效的方法进行改进，对我国的电力建设事业有着指导性的意义。

　　（2）变电容量

　　变电站作为发电端和电网端之间、输电网和配电网之间、各电压等级电网之间的联络者，在电力系统中起着承上启下的作用。除了变电站本身的电气结构外，分析变电站时参考的一个主要参数是该变电站的变电容量。变电站的容量主要体现在其站内的变压器的额定容量之和（若有多台变压器），所以在分析变电站变电容量时，需要收集各个变压器的变电容量、型号，以及各变压器在运行以来承担的最大负荷，再通过对现状电网数据的整理和计算得出电网的变电站存在的问题。

　　对于高压变电站，主要考虑其变电容量是否满足导则规定的容载比。当容载比大于导则规定的容载比数据要求，说明变电站有空载的现象，不能使变电站充分有效地利用，现在存在的问题是如何充分合理地利用；当容载比小于导则规定的要求，说明该变电站存在出线负载过重的现象，对变电站的可靠性、安全性有一定的影响，当容载比过小，即负载过重时，可能引发安全事故，所以对这种情况是考虑如何减轻变电站的负载。需要特别指出的是，高压变电站的出线间隔使用率是该变电站能否继续适应当地负荷发展需要的重要表现。当某一变电站的间隔紧张甚至全部用完时，未来负荷增长时，若不进行扩建或新建，将造成该变电站负载率升高，威胁供电可靠性，严重者或将暂停用户的报装接入，所以变电站的间隔也可作为考察其变电容量是否可扩增的指标。

　　对于低压变电站，主要考察其变压器的容量是否满足导则规定的容载比，过高过低都需要进行改进；还要考察变压器的型号是否满足当前导则规定，部分早年的低压变压器由于使用时间过长和技术缺陷等问题，变压器的变损过高。在不同时期的农村电网规划中，变压器的型号要求不同，要分析原有低压变压器是否符合导则的要求。

（3）输电线路

输电线路上存在的问题主要为线径大小和线路设备的问题。线路截面面积过大，导致经济性较差；线路截面面积过小，将导致输电线路上的电流过大、电压降落增大，降低线路的输电能力，造成较大的线路损耗，电流过大导致线路过热影响运行的安全性，电能损耗过大影响运行经济性。老旧的设备会使线路的故障率偏高，影响其运行可靠性，并且会增加电能在输电线路上的损耗，可以通过计算得出线路造成电能的损耗程度，结合线路设备的使用年份、正常运行的平均负载率，得出线路的设备老旧程度。

（4）电网性能评估指标

电网性能评估指标包括供电可靠性、线损率、抗灾能力等。通过数据的收集，研究现状电网评估指标是否达到导则规定要求。

供电可靠性是供电企业管理水平和电网技术装备水平的综合体现。用户供电可靠性是反映供电企业供电能力和供电质量的最主要指标之一，是供电系统的规划、设计、设备选型、施工、生产、运行及供电服务等方面水平的量化反映。根据供电可靠性的定义，提高配电网的供电可靠性，必须尽可能减少用户每年的停电次数和每次停电的时间。目前，相比中压配电网，高压和低压配电网的供电可靠性很高，对供电可靠率指标的影响不大。这是由于：高压配电网一般故障率低、装有自动重合闸、网架结构满足"N-1"安全准则且配置有备自投；低压配电线路一般为绝缘线，大多在室内，离用户近、线路短且故障率低。通过分析停电次数和每次停电的时间，判断电网可靠性存在的问题。

线损率是供电公司衡量供电经济性的重要指标。通过线损率的分析，找到影响线损率的原因。影响线损率的原因主要有线径的大小、设备的老化等，通过综合分析找到影响线损率的问题。

抗灾能力包括重要负荷的供电、保安电源等。重要负荷主要是根据用户用电的重要程度和可靠性要求提出的，主要根据中断用户供电造成人身伤亡，或者在政治上、军事上造成重大影响，或者造成社会秩序严重混乱等来评估。保安电源应能在极端灾害情况下满足"保民生"的需要，保证最基本的居民生活用电。在尽可能少依赖外部条件的前提下，为地区提供最小能源供应和最基本的供电保障，并且需具备特殊情况"孤网运行"及快速"黑启动"的能力。分析保安电源的应急能力，找出相应的问题。研究规划区域内经常发生的自然灾害，判断电网是否能够应急该自然灾害，分析哪些措施可以有效降低自然灾害对电网的破坏，以提高电网抗御自然灾害的综合能力。

第四章 负荷预测

负荷预测是利用当前已知的信息（历史信息、现状及未来的发展趋势），对未来的负荷做出判断的过程。因此信息的准确性、完整性直接影响负荷预测结果，信息越完整、准确，预测的精度则越高。准确的负荷预测是电网规划的重要依据，明确了未来的负荷需求及其分布，规划人员就能够合理地确定变电站布点位置、变电容量甚至间隔数量；进一步可以根据变电站和负荷需求科学地构建完善目标网架及网架过渡方案，最终科学合理地将电源与负荷联系在一起，完成从发电到用电的整个过程。

对负荷进行科学预测，首先需要知道负荷预测的过程，然后制定相应的预测方案，最终才能得出负荷预测的结果。负荷预测工作的关键在于收集大量的信息，并对信息进行科学有效的分析与处理，在此基础上采用合适的负荷预测方法，进而对电力电量、电力负荷及负荷分布进行预测。

第一节 负荷预测的过程

电力负荷预测的过程非常复杂和繁琐。负荷受气候环境、运维检修、节假日和大用户突发事件等的影响呈现出一定的波动性，日负荷曲线因生产生活的作息时间而波动，周负荷曲线工作日与非工作日负荷差异明显，不同季节负荷组成可能有很大不同。因此，规划人员无法对随时波动的电力负荷直接进行预测。电力电量作为电力负荷的积分累加值，反映的是社会经济社会运行的宏观总体情况，与上述波动因素无关，因此对电力电量进行预测更加科学可行，也更加准确。

电网规划的目的之一是满足负荷的需求，也就是说电网在最大负荷的水平下也应该满足用电需求。因此电网规划工作需要确定规划区域的最大电力负荷。而电力电量与最大电力负荷之间恰好有着内在的逻辑关系，通过对该规划区域电力负荷特性的详细分析与计算，可以得到电力电量与最大电力负荷之间的逻辑关系。因而实际工作中，规划人员首先预测电力电量，进而可以计算得出规划区域的最大电力负荷。

电力平衡工作和电网规划涉及的变电站布点定容、网架构建等工作必须紧密结合各类地理信息，包括电力负荷的地理属性，也即是电力负荷的地理分布信息。

因此，确定了规划区最大电力负荷依然无法具体指导电网规划工作开展，规划人员必须在得到最大电力负荷的基础上，进一步分析计算出负荷的分布情况，为后续电力平衡和电网规划提供依据。

综上所述，电力负荷预测工作是首先预测出规划区域的电力电量，然后进行负荷特性分析求出最大负荷利用小时数，进而得出规划区的电力负荷，最终确定负荷分布情况，如图4-1所示。

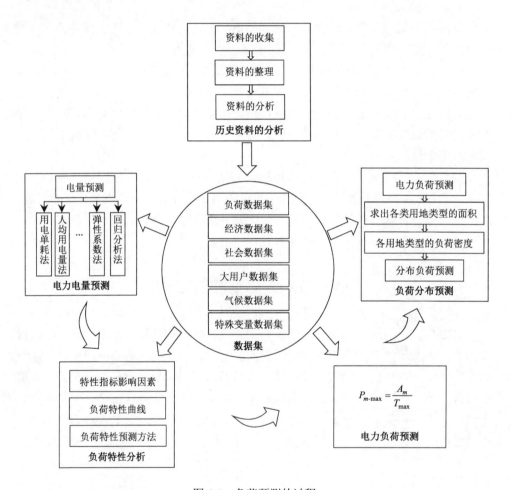

图4-1　负荷预测的过程

（1）电力电量预测

在对规划区域进行电力负荷预测时，首先建立预测方法，采用合适的预测方法，然后对电力电量进行预测。由于影响电力需求的不确定性因素较多，一般综合多种方法进行预测，利用多种预测方法得出的结果进行相互校核，并给出高中低预测方案，选择一个推荐方案作为电网规划的基础。

（2）负荷特性分析

在对规划区域进行负荷特性分析时，首先从历史信息中提取有效的负荷序列信息，从而获得负荷序列发展的趋势，然后进一步预测未来电力负荷特性指标。常用的负荷特性预测方法是将经典的负荷预测技术移植到电力负荷特性预测问题中，对负荷序列进行外推或者回归分析。

（3）电力负荷预测

电力负荷的预测，一般在已经预测出电力电量的基础上，再用年最大负荷利用小时数来预测年最大负荷。在某一特定的历史发展阶段，年最大负荷利用小时数会根据一定的惯性趋势变化，所以只要预测出其变化的趋势，在已知用电量的情况下，就可以用来预测年最大负荷。

（4）负荷分布预测

根据行政区域、地区用电特性、变电站布点等情况适当将整个区域划分为若干分布，再根据预测年份各类负荷的负荷密度计算结果，结合各类负荷用地分布，将规划区域内某类负荷的用地面积乘以相应类负荷的负荷密度，即可得到相应类型的负荷分布预测值。

同时，还应注意到，电网规划的不确定因素很多，尤其涉及未来的发展趋势，因此，负荷预测应根据实际情况，进行预测滚动修正，以适应未来不确定性的影响。

第二节　信息的分析与处理

负荷预测依赖于大量历史信息及相关因素的分析与处理，预测结果在很大程度上依赖于所收集到的历史信息的可靠性与相关因素分析资料的准确度。在此背景下，需要对收集到的信息进行有效的分析与处理，以提高负荷预测的准确率。

坚实的前期工作往往是一个优秀的电网规划的基础。电网规划的前期工作主要是对规划城市的社会经济发展情况、输电线路和电源点等原始资料进行前期资料的分析和收集，以及对这些数据进行预测，为城市电网规划提供准确有力的依据。

一、信息的收集

在进行负荷预测之前，需要采集与负荷预测相关的信息资料。原则上是采集的信息越多，考虑的负荷影响因素越全面，负荷预测的精度就越高。多方面对信息进行调查收集，包括电网企业内部信息和外部信息，国民经济有关部门的信息，以及公开发表和未公开发表的信息，然后从众多的信息中挑选出有用的部分，即把信息浓缩到最小量。挑选信息的标准，一是直接有关性，二是可靠性，三是最新性。先把符合这三点的信息挑出来，加以深入研究，然后，才能考虑是否还需要再收集其他信息。收集统计信息是不容易的，尤其是在我国当前的情况下，各层次的信息往往不完整，真实性也有待提高，再加上保密问题尚未解决，就更增加了难度。尤其是如果信息选择和收集得不好，会直接影响负荷预测的准确性。

根据收集到的有关于电力规划中负荷预测的信息数据，可以把它们进行分类，主要分为：负荷相关数据集、经济相关数据集、社会相关数据集、大用户相关数据集、气候相关数据集、特殊变量数据集，如图 4-2 所示。

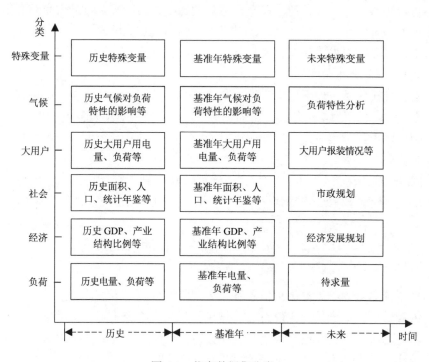

图 4-2　信息数据集分类

（1）负荷相关数据集

要进行电网规划的负荷预测，历史负荷数据的收集是必不可少的。电网规划中的负荷预测主要指的是中长期的负荷预测，所以需要采集往年的数据，通过对历史数据进行整理分析，预测未来一年或几年的负荷量。主要包含有以下 4 点。

1）大用户的历年用电量、负荷、装接容量、合同电力需量、主要产品产量和用电单耗。

2）整个地区、分区分块、分电压等级按用电性质分类的年负荷特性、高峰用电及负荷典型日曲线。

3）各级电压等级变电所、大用户变电所及配电所的负荷记录、典型负荷曲线和功率因素。

4）分产业用电的历史数据及区域的历史最大负荷情况（即电力电量的历史数据）。

（2）经济相关数据集

负荷预测属于被动型预测，负荷是随着电力用户的发展而增长的，电力的需要有赖于经济发展的结果。国家经济大环境，包括国民经济 GDP 增长、国家政策导向、国家行业导向对负荷水平及曲线分布有很大的导向作用。电力网络运行地点的经济环境对负荷需求模式有着显著影响。比如，供电地区人口工业水平，电气设备数量变化及饱和水平和特性，政策发展趋势及更为重要的经济趋势对电网负荷的增长下降均有影响。如果在负荷预测的时候考虑经济的影响，会使得负荷预测的精度大大提高。

经济相关数据集主要包括城市总体规划中有关能源、国民生产总值、各产业生产值、居民收入和消费水平等。

（3）社会相关数据集

政策因素对电网规划的负荷预测有很大的影响，如能源市场变化、环保要求、宏观产业结构调整等，政策可以直接影响经济发展水平、经济结构、用电结构、电价等，甚至可以直接影响负荷。政策对负荷的影响大小和作用，取决于政策的具体内容，这也是进行中长期负荷预测时必须考虑人为因素影响的重要原因。

社会相关数据集主要包括总体规划中相关的面积、人口、各功能分区的布局改造、发展规划、各类负荷所计划发展的建筑面积和土地利用比率等。

（4）大用户相关数据集

随着经济的发展和产业结构的调整，企业的设备逐步向大容量、高参数设备升级，这导致大用户的电压等级较高，负荷量很大。大用户负荷占地区负荷比例很高，它的波动对所在地区的负荷影响非常明显，增加了地区电网规划中负荷预测的难度。有效的大用户负荷预测是提高整个电网负荷预测准确率的关键因素，对电网安全、经济运行有着重要的意义。

大用户负荷不受气候、天气和节假日等因素的影响，但是它跟企业的生产工艺和生产计划紧密相关。根据钢铁企业、水泥企业、煤矿企业、化纤企业和造纸企业等大用户的生产工艺流程、生产设备、负荷曲线分析等确定大用户的负荷特性。

（5）气候相关数据集

在电网规划的负荷预测中，气候是负荷特性分析的重要影响因子。许多电网有大量的气候敏感负荷，如电磁炉、电热器、空调及农业灌溉等，因此气候条件对负荷模式变化有显著的影响。对于许多电网而言，根据对负荷的影响程度分析，温度是最重要的气候变量。对于任一给定日，温度对正常值的偏差，将引起负荷的显著变化，有时甚至需要对机组投入计划进行大的修正。此外，过去温度对负荷特性也有影响，比如，持续高温将引起整个电网负荷持续上升，可能会产生一个新的系统负荷高峰。对于地理分布较广而气候分布又不均匀的电网，一般在系统负荷变化中，应考虑多个温度变量。特别是在高温或湿度大区域，同样，由于雷暴雨也会引起温度变化，对负荷同样有显著影响。其他对负荷行为有影响的因素有：风速、降雨量、云遮或日照强度。

自然灾害对负荷的影响也是巨大的，灾害往往可以使整个地区的负荷发生剧烈的变动。在对负荷进行分析和处理时，对自然灾害引起的反常负荷需要经过处理才能使用。因此，应收集地区计划、统计部门及气象部门提供的有关历史数据和预测信息。

（6）特殊变量数据集

特殊变量是指除了上述的因素以外的对负荷模式起到较大影响的变量，这些变量一般都体现在描述性语言中，例如，2008 年，北京举办奥运会期间北京的负荷模式明显不同于以往同期的负荷模式，利用常规的负荷预测明显无法对这种情况下的负荷进行有效的预测。此外，相关政策影响，如节能减排政策的高能产业调整很有可能将会对未来的负荷产生较大的影响。因此，应积极收集其他特殊数据资料，以预判其对负荷预测结果产生的影响。

值得注意的是，以上所需收集的历史数据信息应不少于 5 年，以便分析其中的规律和发展趋势，为接下来的负荷预测工作奠定坚实的基础。

二、信息的整理

为保证负荷预测的质量，需要对所收集的有关统计资料进行审核和必要的加工整理。预测结果的质量不会超过所用资料的质量，因此为了保证收集到的资料的质量必须进行资料整理，也为负荷预测的质量奠定基础。

1）衡量一个统计资料质量高低的标准主要包括：①资料完整无缺，各期指标齐全；②数字准确无误，反映的都是正确状态下的水平，资料中没有异常的"分离项"；③随时间的推移，各值间具有可比性。

此外，还有历史资料的表现形式是否符合需要，是否需要变换，以及计量单位是否规范化等问题也要注意。

2）资料整理的主要内容：①资料的补缺推算。如果中间某一项的资料空缺，则可利用相临两边资料取平均值近似替代，如果开头一项资料空缺，则可利用趋势比例计算替代。②对不可靠的资料必须加以核实调整。对能查明原因的异常值，用适当方法加以更正。对原因不明而又无可靠修改的、无根据的资料，不应保留。③必须调整时间数列中不可比的资料。时间数列的可比性主要包括：各期统计指数的口径范围是否一致；各期价值指标所用价格有无变动；各期时间单位长度可比；周期性的季节变动资料的各期资料是否可比，是否能够反映周期性的变动规律。

用不同方法处理上述各种可比性问题时，务必使资料在时间上有可比性。此外，还要根据研究目的，认真考虑时间数列的起止时间，即应截取同一段时间内具有参考和实用价值的资料供负荷预测使用。

三、信息的分析

对经过鉴别整理后的资料要进行分析，寻求预测量的演变规律或趋势，建立预测方法。在资料的初步分析中常用的方法有多种，如时间序列分析、因果关系分析等方法，各种预测方法均有其不同特点和适用范围。所选择的方法应取决于预测人员所掌握的资料情况及资料样式。实践证明，没有一种方法在任何预测场合下均可以保证获得满意的结果。因此，必须依据对资料的占有情况，以及预测目标、预测期限、预测环境、预测结果的准确度，同时考虑预测本身的成本效益分析等进行权衡，以便做出合理的选择。

对所收集的资料进行初步分析，包括以下几方面。

1）画出动态折线图和散点图，从图形中观察资料数据变动的轨迹，特别注意离群的数值和转折点，研究它们是由偶然的还是由其他什么原因造成的。

2）调查图像上的转折点或异常值的原因，并加以说明和处理。常用的处理方法是，假设历史数据为 $x_1, \cdots, x_2$，令 $\bar{x} = \frac{1}{n} \sum\limits_{i=1}^{n} x_i$，若 $x_i > \bar{x}$ (1+20%)，取 $x_i = \bar{x}$ (1+20%)；若 $x_i < \bar{x}$ (1+20%)，取 $x_i = \bar{x}$ (1−20%)；从而使历史数据序列趋于平稳。

3）计算一些统计量，如自相关系数，以进一步辨明资料轨迹的性质，为建立方法做准备。

为了很好地掌握系统中用电增长的因素和规律，需要在充分调查研究的基础上，对以下内容进行分析：

1）能源变化的情况与负荷的关系；

2）国民生产总值增长率与负荷增长率的关系；

3）工业生产发展速度与负荷增长速度的关系，如各产业单耗量；

4）设备投资、人口增长与负荷增长的关系；

5）负荷的时间序列发展过程，如年负荷与日负荷特性曲线。

此外经济形势、经济政策、经济指数、市场情况、物价因素、电价因素、城乡居民家用电气化情况、燃料供应及其价格等对负荷预测的影响也不容忽视。因此，在负荷预测时不能盲目偏执，应积极收集其他特殊数据资料，需要根据专家经验和当地的经济发展状况来看待。

四、信息的处理

对信息数据进行分析时，常用的方法有灰色关联度分析、数据挖掘技术、回归分析和主成分分析等方法。实际在电网规划中对信息数据进行分析时，常用到的是灰色关联度分析和数据挖掘技术。对各种方法介绍如下。

（1）灰色关联度分析

灰色关联度分析是基于行为因子序列曲线几何形状的相似程度来判断其联系是否紧密，曲线越接近，相应序列之间的关联度就越大。灰色关联度分析的目的是寻找各因素间的主要关系，能够确定哪些是不可忽视的相关行为因素，从中找出各相关影响因素对主行为的关联程度，从而掌握事物发展的主要矛盾。

（2）数据挖掘技术

数据挖掘技术中的关联规则算法也可以进行相关性分析，它是从数据集中自动识别出隐藏在数据中有用概念、规律和最终可以理解的模式的过程，即从数据库中找出具有潜在应用价值的信息的过程。

（3）回归分析

回归分析是确定两种或两种以上变量间相互依赖的定量关系的一种统计分析方法。应用十分广泛，回归分析按照涉及的自变量的多少，分为回归和多重回归分析；按照自变量的多少，可分为一元回归分析和多元回归分析；按照自变量和因变量之间的关系类型，可分为线性回归分析和非线性回归分析。如果在回归分析中，只包括一个自变量和一个因变量，并且二者的关系可用一条直线近似表示，这种回归分析称为一元线性回归分析。如果回归分析中包括两个或两个以上的自变量，并且因变量和自变量之间是线性关系，则称为多重线性回归分析。

（4）主成分分析

主成分分析是考察多个变量间相关性的一种多元统计方法，研究如何通过少数几个主成分来揭示多个变量间的内部结构，即从原始变量中导出少数几个主成分，使它们尽可能多地保留原始变量的信息，并且彼此间互不相关。通常数学上的处理就是将原来 P 个指标作线性组合，作为新的综合指标。

第三节　电力电量预测

电力电量预测是区域电网规划和运行研究的重要内容，作为电网规划设计的重要依据，电力电量的预测直接关系电网规划的科学性和经济性。总量预测将决定规划区域未来电力需求量和配电网的供电容量，电量预测需要做的工作就是选择合适的预测方法和制定适宜的预测思路来获得规划区域内的全社会用电量。

一、电力电量预测的概念

电力电量预测指规划区域范围内总的电量预测值，其结果应包含规划所涉及的各个年份的总电量预测值，以反映地区内总的用电发展形势。在进行电力电量预测时需要先弄清楚如下的几个简单的概念，以便制定合适的预测流程，准确预测区域内的电力电量。

1）售电量：是指电力企业售给用户（包括趸售户）的电量及供给本企业非电力生产（如修配厂用电）、基本建设、大修理和非生产部门（如食堂、宿舍）等所使用的电量。

2）用电量：国民经济各部门和城乡居民实际耗用的电量。一个地区的用电量包括公用电厂和自备电厂售给用户的电量及自备电厂自发自用的电量。

3）全社会用电量：是指第一、二、三产业等所有用电领域的电能消耗总量，包括工业用电、农业用电、商业用电、居民用电、公共设施用电及其他用电等。

4）供电量：电力部门为满足全体用户用电需要而供出的电量。供电量等于最终用户（包括国民经济各部门和城乡居民）的用电量与本供电地区内线路损失电量之和。

5）网供电量：是指两个不同电网之间的供应电量，如一个供电公司和另一个供电公司之间的供电量。

电量预测需要做的工作就是选择合适的预测方法和制定适宜的预测思路来获得规划区域内的全社会用电量。总电量预测中原始数据的完整、准确是关键。从规划需求的角度讲，总电量指地区的实际用电量，而非输电与配电之间的关口处供电量。在生产实际中规划区域内总用电量的统计往往会存在"统计口径"上的误差，通常体现在地域范围和时间范围两个方面。

在地域范围上，用电量的统计往往需要累加各售电关口的数据，而这些售电关口所辖范围与规划地域范围会有一定的误差。

在时间范围上，由于电力企业的统计周期变化、售电政策调整等方面的影响，往往使其统计周期难以与一个自然年份完全吻合而造成误差；而且各个售电关口统计数据累加，它们的周期一般情况下不可能是完全同期的，也会造成统计误差。

由于不同类型的电力用户其用电规律不同，按照典型的分类办法进行分类电量预测是更好地了解规划区内电力发展规律的必要途径，同时也可以积累数据，在同类区域间建立横向比较，从而提高预测准确性。为了使总量预测与分布预测相协调，预测中各分类应综合考虑历史分类电量收集的可行性和规划部门对规划用地的分类，并做到相互对应。

二、电力电量预测方法

负荷预测是根据负荷的过去和现在数据值来推测其未来的数值，所以它所研究的对象是不确定的事件。因其具有不确定性、随机性，需要采用适当的预测技术，推知负荷在未来的发展趋势，这使负荷预测具有时间性、模糊性、条件性及多方案性等明显的特点。对于电力电量预测来说，在电网规划中常用的方法有很多，可以将现有的预测方法分为两类：单一预测方法和组合预测方法。

1．单一预测方法

（1）用电单耗法

每单位国民生产总值（或国内生产总值）所消耗的电能，称为产值单耗，可分为综合产值单耗与分行业产值单耗。在统计口径范围内，全部用电量与国民生产总值之比，称为综合产值单耗。一般负荷预测中把各行业划分为第一产业、第二产业、第三产业，当然每个产业内部根据需要还可以细分。某个产业的用电量与相应产业的国民生产总值之比，称为该产业的产值单耗。具体预测中，可用往年的各产业的产值及用电量得到产值单耗，再根据未来发展趋势得到各产业值的单耗递增（减）率，然后结合当年的产值，可以计算出需电量。

该方法是根据预测期的产品产量（或产值）和用电单耗来计算需要的用电量，需要做大量细致的统计调查工作，近期预测效果较佳。但在实际中很难对所有产业较准确地求出其用电单耗，即使能统计，工作量也太大，所以有时考虑用国民生产总值或工农业生产总值，结合其产值单耗，计算出用电量。

（2）电力弹性系数法

利用电力弹性系数进行负荷预测，是编制电网规划时常用的一种负荷预测方法，这种方法的优点是计算简单，缺点是预测结果准确度不高。电力弹性系数是一个宏观指标，一般仅适用于大范围（如全国、区域性、各大地区等）、远期（如5年以上）规划粗线条的负荷预测。根据历史电能消费与经济增长的统计数据，计算出电力弹性系数，然后利用此值来预测未来年份的电力需求的方法称为电力弹性系数法。

采用这个方法首先要掌握今后国民生产总值的年平均增长速度，这可以根据国家经济发展战略规划来确定。然后根据过去各阶段的电力弹性系数值，分析其变化趋势，选用适当的电力弹性系数（一般大于1）。影响电力弹性系数值的因素很多，主要有经济发展水平、产业结构、科技及工艺水平、生活水平、电价水平及节电政策和措施等。

（3）负荷密度法

由于我国经济发展的不平衡，不同功能区域的负荷密度不相同，所以负荷密度法主要是用来预测不同区域的负荷的。一般这种方法是将用电功能区域进行划分，如工业区、居民区、商业区等，再根据区域的经济发展状况、人口和居民收入水平增长情况等，参照一些成熟地区的用电状况，选择一个较为准确的密度来预测的方法，计算公式为：$W=AD$，A 表示土地面积，D 表示用电密度。这种方法适用于经济发展较为成熟和发展有一定规律性的地区，要求功能区域清晰可辨。

（4）人均用电量法

人均用电量法也称人均综合用电量法，它通过选取一个与本地区人文地理条件、经济发展状况及用电结构等方面较相似的国内其他地区作为比较对象，通过分析和比较两地区的过去和现在的人均用电量指标，得到本地区的人均用电量预测值，再结合本地区的人口预测情况分析得到总的用电量预测值。选取对比地区时，应选取社会规划中产业结构与本规划区相似的地区或该区的上一级行政区域。第 m 年的预测电量计算公式如下：

$$A_m = r_m P_m \qquad (4-1)$$

其中，r_m，P_m 分别为第 m 年的人均用电量指标预测值和人口预测值。

（5）回归分析法

回归分析法又称为统计分析法，是运用比较广泛的分析方法，主要是确定预测值和影响因子之间的关系，也是传统数学方法的运用。该方法是利用用电的历史资料和影响用电的一些因素如工业生产总值、气候等来分析用电量和影响因子之间的函数关系从而得到未来用电量，也可以用于未来或者地区的预测，只是要把影响因素进行改变。这种方法计算简单，其缺点是选用何种因子和该因子的表达很容易影响预测结果。回归分析法分为线性回归分析和非线性回归分析或者一元回归与多元回归。线性回归分析法是最基本和最简单的方法，但是负荷预测都是非线性的多元回归，可以借助数学手段化为线性回归问题处理。

（6）趋势分析法

趋势分析法又称为曲线拟合、趋势曲线分析或者曲线回归法，是现在用得最普遍的定量预测方法。该方法是根据已知的用电的历史资料，拟合一条能反映负荷本身需求变化的曲线，然后按照这个增长趋势曲线来预测未来某一时间点的需求，比较常用的有多项式趋势方法、指数趋势方法、Logistic 回归预测方法等。这种方法因为是用确定的方法进行外推，在处理资料过程中不考虑随机产生的误差，所以比较简单，但要求资料处理之后的精确性对拟合的全区间都一致，使用的关键是根据地区发展情况选择适当的方法。

（7）自然增长率＋大用户法

这是一种粗略的方法。它是根据历史上电力发展的速度，或者按其趋势外推至预测期，或者由电力规划部门或专家根据国家经济发展的基本情况和趋势，主观地确定一个或几个电力发展速度（通常的高速度、中等速度和低速度就是这样的），然后以此为据，预测出未来几年所需的电量和电力。

根据历史用电量的年均自然增长需求率的情况，估计电量需求的年平均自然

增长率 β，然后应用此增长率来计算预测期的年用电量。设基期的用电量为 A_0，第 m 年所需的电量为 A_m，则其计算公式为

$$A_m = A_0(1+\beta)^m \tag{4-2}$$

大用户的发展方向体现了宏观经济的发展趋势、国家和地区的经济政策、地区经济的产业结构特点、地区阶段性的资源优势（能源、矿产、土地、运输、水资源等）。因此某一地区新增大用户集中代表了该地区经济发展的热点和特点，是宏观经济发展过程中矛盾的特殊性的体现。应用大用户法进行负荷预测，可以较准确地抓住地区经济热点的转换，把握负荷变化趋势。

（8）人工神经网络法

人工神经网络由于能不断地学习新知识，能处理非线性映射，可以运用于负荷预测中。目前，人工神经网络从结构和复杂程度上可分为前向网络、随机型学习网络，反馈网络、竞争型神经网络、自组织特征映射神经网络，对象传播神经网络，等等。三层前向网络（BP 网络）是最简单的人工神经网络，也是电力系统负荷预测中应用较多的一种数学方法。按输入的顺序 BP 网络的三层分别称为输入层、隐含层和输出层。各层都包含一定数量的神经元，各神经元之间通过连接权相互联系。在正向的传递中，输入信息从输入层经隐含层逐层计算传向输出层，每层神经元的状态仅影响下一层神经元的状态，如果在输出层没有得到期望的输出值，则通过计算输出层的误差变化值转向反向传播，通过网络将误差信息沿原来的连接通路反向传播回去，用以修改各层神经元的权值，如此反复直到达到目标后终止运算。

人工神经网络进行负荷预测的主要特点在于：利用人工神经网络进行负荷预测可以发挥其擅长处理非线性问题的特点，将一般预测方法不便处理的天气、温度等非线性因素加以处理。利用人工神经网络进行负荷预测能够对大量的历史数据进行学习，并按照事先学习的顺序对数据样本加以"记忆"。克服了时间序列法在阶数低时用到的历史数据不够充分，在阶数较高时参数的确定比较困难的缺点。

（9）灰色预测法

1982 年，我国学者邓聚龙提出了灰色理论，它以"部分信息已知，部分信息未知"的"小样本""贫信息"不确定性系统为研究对象。自灰色理论提出以来，灰色方法被广泛地应用于许多的领域，灰色理论是将"灰色信息"进行白化的过程，现有的灰色方法主要是基于一阶累加生成序列建模，然后通过一阶累减得到预测值。

灰色预测法具有要求负荷数据少、可以不考虑负荷分布规律、不考虑负荷变化趋势及近期预测值精度较高、运算方便易于检验等优点。缺点是长期预测的后

期预测值偏离较大，不适合中期预测之后再递推若干年的预测，可通过改进方法提高其预测精度。

2．组合预测方法

各种单一预测方法都有其局限和适用条件，其预测精度不高，预测结果也有些差异。因此，为了得到更准确的预测结果，需要进行综合分析。这就要求有预测的综合方法。组合预测是提高负荷预测的精度的一种有效思路，也是电网规划中负荷预测常用的一种方法。

组合预测是将若干种预测方法赋予不同的权重，从而形成综合的预测方法。组合预测方法就是通过对个体预测值的加权计算得到它们的组合预测值，因而能够得到更为准确的预测结果。理论研究和实际应用都表明，组合预测方法比单一预测方法具有更高的预测精度，也更能增强预测的稳定性，具有较高的适应未来预测环境变化的能力，因而引起了众多学者浓厚的研究兴趣。组合预测方法的实现流程如图 4-3 所示。

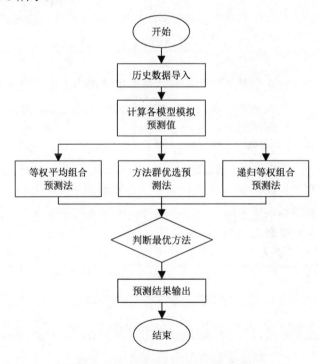

图 4-3　组合预测方法实现流程图

其方法的数学表示如下：假设在某一预测问题中，某一时段的实际值为 $Y(t)$ $(t=1,2,\cdots,n)$，对该问题有 m 种预测方法，其中利用第 i 种方法对时段 t 的预测值为 $y_i(t)$，这样相应的预测误差为 $e_{it}=Y(t)-y_i(t)$，其中 $i=1,2,\cdots,m$；

$t = 1, 2, \cdots, n$。组合预测的方法可表示为

$$y = \sum_{i=1}^{m} w_i y_i(t) \quad (t = 1, 2, \cdots, n) \tag{4-3}$$

其中，$w_i(i = 1, 2, \cdots, m)$ 为第 i 种预测方法的权重，并且 $\sum_{i=1}^{m} w_i = 1$。

在组合预测中，最重要的是根据不同预测方法的特点，赋予不同的权重。组合预测综合利用了各种预测方法的预测结果，用适当的权系数加权计算进行预测，能够综合各种单一预测方法的优势，非常适合于电网规划中负荷预测。它的关键在于求出各种预测方法的权系数。确定组合预测权系数的方法很多，常见的权值处理的方法有以下几种。

（1）等权平均组合预测法

等权平均组合预测法是一类经常使用的组合预测方法。设 $f_i(i = 1, 2, \cdots, m)$ 为第 i 个方法的预测值，如果 f_c 用代表组合预测值，则等权平均组合预测法得到的组合预测值为

$$f_c = \frac{1}{m} \sum_{i=1}^{m} f_i \quad (i = 1, 2, \cdots, m) \tag{4-4}$$

它是组合预测方法中最简单的一种，虽然方法简单，但也是在对各预测方法的精度完全未知的情况下所采用的一种较为稳妥的方法，适合各类空间静态类预测方法的组合。

（2）方法群优选预测法

该方法对于所要研究的预测问题，先选择 m 个可用的预测方法分别进行预测，得到 m 个预测结果，再比较 m 个方法的优劣，比较判据可根据标准离差、拟合优度、关联度和相对误差等来决定，从中选择一个最优的方法就作为最终的优选方法，用其进行负荷预测。

设 m 个预测方法 f_1，f_2，$\cdots$，f_m 都可用于实际负荷的预测。设 f 为最终的优选方法，并且有 s_1，s_2，$\cdots$，s_m 分别为这 m 个方法的标准离差，则

$$y = \{f_i \,|\, \min(s_i)|\} \quad (i = 1, 2, \cdots, m) \tag{4-5}$$

这种方法的好处是可以避免漏掉最优的预测方法，当预测指标时常变换时，变化规律也不断变化，此方法有较好的自适应性。

（3）递归等权组合预测法

当最优组合方法计算出负权重时，可改用递归等权组合预测法计算出组合权系数。该方法是在简单平均法的基础上发展起来的，经过证明，递归等权组合预测方法的方法误差平方和小于等于参与组合的任意几种方法的方法误差平方和中

的最小者。设共有 m 种预测方法，第一轮平均时将它们分别记为

$$f_1^{(1)} = f_1, \quad f_2^{(1)} = f_2, \quad \cdots, \quad f_m^{(1)} = f_m \tag{4-6}$$

简单平均法可以表示为

$$f_c^{(1)} = \frac{1}{m}f_1^{(1)} + \frac{1}{m}f_2^{(1)} + \cdots + \frac{1}{m}f_m^{(1)} \tag{4-7}$$

$$f_c^{(1)} = \frac{1}{m}f_{1t}^{(1)} + \frac{1}{m}f_{2t}^{(1)} + \cdots + \frac{1}{m}f_{mt}^{(1)} \tag{4-8}$$

其中，$f_{mt}^{(1)}(i = 1, 2, \cdots, m)$ 表示第 i 种预测方法在 t 时刻的方法值，$f_{mt}^{(1)}$ 表示简单平均法在 t 时刻的方法值。

设 m 种预测方法中第 i 种预测方法误差平方和最大，用 $f_{ct}^{(1)}$ 替换第 i 种方法的预测值，得到第二轮平均所需的 m 种方法预测值为

$$f_1^{(2)} = f_1^{(1)}, \quad f_2^{(2)} = f_2^{(1)}, \quad \cdots, \quad f_m^{(2)} = f_m^{(1)} \tag{4-9}$$

对这 m 种方法求简单平均，又可得到简单平均法。如此不断地进行下去，经过 k 轮平均，就可得到组合方法：

$$\begin{aligned} f_c^{(k)} &= \frac{1}{m}f_1^{(k)} + \frac{1}{m}f_2^{(k)} + \cdots + \frac{1}{m}f_m^{(k)} \\ &= k_1^{(k)}f_1 + k_2^{(k)}f_2 + \cdots + k_m^{(k)}f_m \end{aligned} \tag{4-10}$$

如果 $f_c^{(k)}$ 的方法误差平方和已经达到可接受的水平或改进不大，就可以停止迭代，否则继续迭代下去直到方法误差平方和改进不大为止。

三、实例分析

运用本节对电网规划中负荷预测的思路，可以对城市进行电网规划的负荷预测。规划区在行政上分为两个区，其中 1 区为老城区，已经发展相当长的时间；2 区为新开发区，在城市规划中将建设成为一个新型生态工业区。

（一）具体思路

1）本次规划分区进行，1 区与 2 区的地区性质和特点及历史数据的积累情况不同，因此先对 1 区和 2 区分别预测，再根据同时率的发展趋势综合得到整个规划区的总量负荷预测结果。

2）1 区为老区，预测思路是使用空间静态类负荷预测方法包括电力弹性系数法、人均用电量法、产业用电单耗法对用电量进行预测，得到各个方法的预测结果后，使用等权平均组合得到第一组预测结果，再使用时间动态类预测方法即使

用基于误差预测修正的组合预测方法根据历史数据预测得到第二组预测结果，对两组数据赋予可变权重，近中期第二组数据的权重大，而远期第一组数据权重大，最后拟合得到最终的预测结果。

3）2 区为新区，预测思路是使用空间静态类负荷预测方法包括电力弹性系数法、人均用电量法、产业用电单耗法对电量进行预测，得到各个方法的预测结果后，使用等权平均组合得到负荷预测结果。

（二）历史负荷数据分析

整个规划区 2015 年用电量、最大负荷分别为 5.96 亿 kW·h、132.8 MW，2010～2015 年增长速度分别为 14%、15.4%。其中规划区 1 区历史用电量与负荷数据见表 4-1，规划区 2 区历史数据仅有 2015 年用电量 0.156 亿 kW·h，年最大负荷 1.9 MW。

表 4-1　规划区 1 区历史用电量与年最大负荷数据

年份	用电量/（万 kW·h）	年最大负荷/万 kW	最大负荷利用小时数/h
2005	18 122	3.8	4 777
2006	20 362	4.3	4 724
2007	22 133	4.6	4 826
2008	25 736	5.5	4 658
2009	27 090	5.7	4 756
2010	30 100	6.4	4 703
2011	34 645	7.4	4 682
2012	39 184	8.5	4 610
2013	44 865	9.8	4 578
2014	50 249	11.3	4 447
2015	58 038	13.1	4 430
2011～2015 增长率/%	14.00	15.40	—

从表 4-1 可以看出规划区电力事业在近几年快速发展。2010～2015 年的用电量增长率达到 14%，年最大负荷的增长率达到 15.4%，可见该规划区电力发展是非常迅速的。从表中还可以看出 1 区 2010～2015 年 T_{max} 逐年减小，这与 1 区第三产业的迅猛发展是分不开的，2015 年该城市的第三产业国内生产总值就超过第二产业国内生产总值，预计在今后的几年内，第三产业的发展势头不会减小，1 区 T_{max} 会继续减小。而 2 区城市规划定位为新型工业区，工业区的 T_{max} 一般比较高，随着 2 区的快速发展，整个规划区的 T_{max} 的变化规律就难以预测，因此在预测思路中对规划区先进行分区预测。

（三）负荷预测具体情况

1．1区负荷预测情况

（1）空间静态类预测结果

使用电力弹性系数法、人均用电量法、产业用电单耗法对电量进行预测，得到各个方法的预测结果后，使用等权平均组合得到第一组负荷预测结果。预测结果如表4-2所示。

表4-2 规划区1区空间静态类各预测方法结果 （单位：万kW·h）

预测结果＼年份	2015	2016	2017	2018	2019	2020	2025	2030
用电单耗法	58 038	66 221	75 559	86 212	98 368	112 238	189 128	304 592
电力弹性系数法	58 038	66 454	76 089	87 122	99 755	114 219	196 840	295 980
人均用电量法	58 038	66 744	76 755	88 269	101 509	116 735	188 003	289 266
等权平均组合电量结果	58 038	66 473	76 134	87 201	99 877	114 398	191 324	296 613

从表4-2可以看出空间静态类预测结果：2016～2020年用电量的增长率达到了14.54%，2021～2025年为10.83%，2026～2030年为9.17%，它说明该规划区经济从快速发展趋向一个发展平稳的状态，电力发展速度从快速趋向平缓，这是符合当前社会发展规律的，也是很多城市发展的一个历史经验。而2016～2020年每种方法的年增长率都相同，这是把这个时期的增长看作一个等比增长，这种假设是不符合实际的。

（2）基于误差预测修正的组合预测方法

使用基于误差预测修正的组合预测方法预测，组合的单一方法包括自适用系数法、ARMA（p）、GM（1,1）和一元线形回归方法，其结果如表4-3所示。

表4-3 规划区1区组合预测方法结果 （单位：万kW·h）

预测结果＼年份	2015	2016	2017	2018	2019	2020	2025	2030
用电量	58 038	66 395	76 023	86 932	99 129	112 511	221 520	430 837

从表4-3可以看出基于误差预测修正的组合预测结果：2016～2020年用电量的增长率为14.16%，2021～2025年为14.51%，2026～2030年为14.23%。这个方法的结果2016～2020年每年的结果的增长率都不相同，是按历史数据发展规律得到，比较可靠，而2021～2025年、2026～2030年的增长率跟2016～2020年差不多，显然不符合发展规律。

（3）最终预测结果

将一组预测结果数据和二组预测结果数据配以可变权重求得最终电量预测结果，权重的分配是根据一、二两组结果可信度的大小决定，其具体情况见表4-4。

表4-4　规划区1区最终预测结果

预测结果 \ 年份	2015	2016	2017	2018	2019	2020	2025	2030
一组电量结果/（万 kW·h）	58 038	66 473	76 134	87 201	99 877	114 398	191 324	296 613
权重	0.1	0.15	0.2	0.25	0.3	0.35	0.7	0.9
二组电量结果/（万 kW·h）	58 038	66 395	76 023	86 932	99 129	112 511	221 520	430 837
权重	0.9	0.85	0.8	0.75	0.7	0.65	0.3	0.1
电量最终结果/（万 kW·h）	58 038	66 407	76 045	86 999	99 353	113 171	200 383	310 035

从表 4-4 可以看出最终结果：2016～2020 年用电量的增长率为 14.29%，2021～2025 年为 12.10%，2026～2030 年为 9.12%。从数据上就可以看出最终结果有两种预测结果的优点，各阶段符合社会经济发展规律，近期负荷发展也符合历史数据的发展规律。从中也可以看出本书提出的思路是一种可行的、有实际效用的思路。

2．2区预测结果

使用电力弹性系数法、人均用电量法、产业用电单耗法对电量进行预测，得到各个方法的预测结果后，使用等权平均组合得到电量预测结果，预测当中应当适量考虑大用户的用电规划，表 4-5 所示的结果已经考虑大用户的近期规划用电情况。

表4-5　规划区2区空间静态类方法结果　　（单位：万 kW·h）

预测结果 \ 年份	2015	2016	2017	2018	2019	2020	2025	2030
用电单耗法	1 560	2 652	4 508	7 664	13 029	22 150	29 808	59 954
电力弹性系数法	1 560	2 184	3 058	4 281	5 993	8 390	18 289	41 840
人均用电量法	1 560	2 262	3 280	4 756	6 896	9 999	30 922	76 943
等权平均组合电量结果	1 560	2 366	3 615	5 567	8 639	13 513	26 340	59 579

本区历史数据对负荷预测没有很大的意义，只是一个基数而已，无历史规律可言，因此使用空间静态预测方法对其预测并取所有方法的等权平均值，以增强对未来的适用性。

3．规划区总量预测结果

在得到 1 区和 2 区结果后，根据同时率的发展规律，汇总得到总量预测结果，同时率的发展规律是随着 2 区的发展同时率逐渐减小，但由于只有两个分区且 2 区的负荷比例不大，同时率减小的趋势将很缓慢，见表 4-6。

表 4-6　规划区总量预测结果　　　　（单位：万 kW·h）

年份 预测结果	2015	2016	2017	2018	2019	2020	2025	2030
1 区用电量	58 038	66 407	76 045	86 999	99 353	113 171	200 383	310 035
2 区用电量	1 560	2 366	3 615	5 567	8 639	13 513	26 340	59 579
同时率/%	99.9	99.7	99.5	99.3	99.1	99.0	98.8	98.0
电量	59 598	68 773	79 660	92 566	107 993	126 684	226 722	369 615

第四节　负荷特性分析

电网规划的目的之一是满足负荷的需求，也就是说电网在最大负荷的水平下也应该满足用电需求。因此电网规划工作需要确定规划区域的最大电力负荷。而电力电量与最大电力负荷之间恰好有着内在的逻辑关系，即通过对该规划区域电力负荷特性的详细分析与计算，可以得到电力电量与电力最大负荷之间的逻辑关系。因而实际工作中，负荷特性分析是至关重要的。

一、负荷特性影响因素

对电力系统负荷特性进行分析研究时，如果仅限于总负荷分析，忽视不同产业的负荷变化和其他因素的影响，就很难准确把握电力负荷变化发展的内在过程。电力负荷发展的不同阶段受各种因素的影响情况不同，因此，应从整体上把握电力需求的周期性变化，在分析各个历史阶段内电力需求受不同因素影响情况的基础上，做好本阶段电力需求影响因素的判断以避免电力供给处于短缺或者过剩的局面已成为负荷特性分析的重要内容。影响负荷特性的因素很多，其中主要包括：①经济水平及结构的调整；②电力消费结构的变化；③电价；④气候因素和自然环境；⑤收入水平、生活水平提高和消费观念的变化；⑥电力供应侧；⑦需求侧管理措施；⑧时间；⑨政策等。

二、负荷特性指标

电力负荷特性指标是负荷特性的数量表现，也就是负荷变化的特征值。负荷特性指标的计算与分析对于描述电力系统的负荷变化特性非常必要。通过对负荷特性进行分析获得最大负荷利用小时的发展趋势是负荷特性预测的基本内容。负荷曲线特性指标是进行负荷分析，掌握负荷随时间变化的规律和特性，初步确定各类电厂电站的运行方式和装机容量的参数。

1．日负荷曲线特性指标

（1）日负荷率 γ

日负荷率 γ 是日平均负荷与日最大负荷的比值，即

$$\gamma = \frac{P_p}{P_{\max}} \tag{4-11}$$

（2）日最小负荷率 β

日最小负荷率 β 是日最小负荷同日最大负荷的比值，即

$$\beta = \frac{P_{\min}}{P_{\max}} \tag{4-12}$$

日负荷率 γ 表示负荷的平复程度，其值越高，表明负荷在一天内的变化越小。日最小负荷率 β 表明一天内负荷变化的幅度，其值越高，说明负荷在一天内大小的变化越小。

2．年负荷曲线特性指标

分析年负荷曲线，主要找出年最大及最小负荷发生的月份及变化规律，其特性指标如下。

（1）年最大负荷利用率 δ

年最大负荷利用率 δ 等于该年最大负荷利用小时数 $T_{\max}$ 除以全年小时数，即

$$\delta = \frac{T_{\max}}{8760} = \gamma \sigma \rho \tag{4-13}$$

（2）年负荷率 η

年负荷率 η 等于全年实际用电量 A 与全年按照最大负荷用电所需电量 P_{zd} 之比值，即

$$\eta = \frac{A}{8760 P_{zd}} \tag{4-14}$$

（3）月不均衡系数 σ

月不均衡系数 σ 是指该月的平均负荷与月内最大负荷日平均负荷的比值，它表示月内负荷变化的不均衡性，亦称月负荷率 σ ，即

$$\sigma = \frac{P_{yp}}{P_{yzp}} \tag{4-15}$$

式中，P_{yp} 为月平均负荷；P_{yzp} 为月内最大负荷日的平均负荷。

由于各月的 σ 不同，一年的平均值可用下式计算，即

$$\sigma_p = \sum_{y=1}^{12} \sigma_y / 12 \tag{4-16}$$

式中，σ_y 为各月的不均衡系数；σ_p 为年的月不均衡系数平均值。

说明：月不均衡系数大小与用电部门的停工休息、生产班次有很大关系，该系数是由负荷在月和周内停工、休息和设备小修等引起的。

（4）季不均衡系数 ρ

季不均衡系数 ρ 是指全年各月最大负荷的平均值与年最大负荷的比值（也称年不均衡率）。它表示一年内月最大负荷变化的不均衡性，即

$$\rho = \frac{\displaystyle\sum_{y=1}^{12} P_{y.\max}}{12 P_{n.\max}} \tag{4-17}$$

式中，$P_{n.\max}$ 为年最大负荷值；$P_{y.\max}$ 为全年各月的最大负荷值。

（5）负荷静态下降系数 K_j

负荷静态下降系数 K_j 是指不考虑负荷在一个年度内增长时，负荷由于季节性自然下降的情况，有

$$K_j = \frac{P_{n.\max}^l}{P_{n.\max}} \tag{4-18}$$

式中，$P_{n.\max}$ 为年最大负荷值；$P_{n.\max}^l$ 为静态最小负荷月的月最大负荷。

（6）负荷的年平均增长率 K_{npz}

负荷的年平均增长率为所计算年度的年最大负荷或电量与前一年度最大负荷或电量的比值，即

$$K_{npz} = (\sqrt[n]{K_A - 1}) \times 100\% \tag{4-19}$$

式中，K_A 为所计算年度的负荷或电量与上一年的负荷或电量的比值；K_{npz} 为负荷的年平均增长率；n 为两个水平年相隔年数，一般与国民经济计划相适应（5 年或 10 年）。

（7）年最大负荷利用小时数 $T_{\max}$

全社会用电量除以年最大负荷 $P_{n.\max}$，即得年最大负荷利用小时数：

$$T_{\max} = \frac{A_F}{P_{n.\max}} \tag{4-20}$$

式中，A_F 为年发电量；$P_{n.\max}$ 为年最大负荷值。

此外，年最大负荷利用小时数 $T_{\max}$ 还可以由负荷特性指标得出：

$$T_{\max} = 8760\gamma\sigma\rho \tag{4-21}$$

式中，γ 为日负荷率；σ 为月不均衡系数；ρ 为季不均衡系数。

三、负荷特性曲线及预测方法

1. 负荷特性曲线

电力负荷随时间在不断变化，一般用负荷曲线来描述。负荷特性曲线可显示在一段时间内负荷随时间的变化规律。负荷曲线不仅对电力运行调度和用电管理很有用处，而且在电网规划、设计中也需以预测的负荷曲线为依据。

负荷曲线的种类：

1）根据负荷的性质，可分有功负荷曲线和无功负荷曲线；

2）根据负荷的持续时间，可分为周负荷曲线、日负荷曲线、月负荷曲线和年负荷曲线；

3）根据统计范围，可分为个别用户负荷曲线、变电所负荷曲线、发电厂负荷曲线和电力系统负荷曲线等；

4）通过对原始数据加工，可得到代表日负荷曲线、月负荷持续曲线、年最大负荷曲线、年持续负荷曲线及日电量累积曲线和年电量累积曲线等，各类负荷曲线如图 4-4 所示。

依时序变化的负荷曲线称为负荷分布曲线，它反映在统计期内电网中电力负荷随时间变化的关系。如图 4-4(a)、(b)所示。

负荷持续曲线指不按时序而按负荷大小及其持续时间排列的派生负荷曲线。在图 4-4(c)中，日负荷率越大，曲线越平滑，当日负荷率大于 0.85 时，可以认为是一条直线。年负荷持续曲线，ad 段为曲线，表示最大负荷与最小负荷间的负荷大小及其与持续时间间的关系，de 段为直线，表示各种基荷的持续时间。

负荷分布曲线、负荷持续曲线与坐标轴相闭合部分的面积就是对应时间段内电量。电量累积曲线表示电力负荷与其负荷间的关系，主要用于确定电厂的工作容量，分为日电量累积曲线和年电量累积曲线。在图 4-4(d)中 Oa 段为直线，表示日（年）内基荷与其积累电量间的关系。ab 段为曲线，表示大于基荷的负荷及其累积电量之间的关系，日（年）负荷率越高，ab 段就越接近直线。

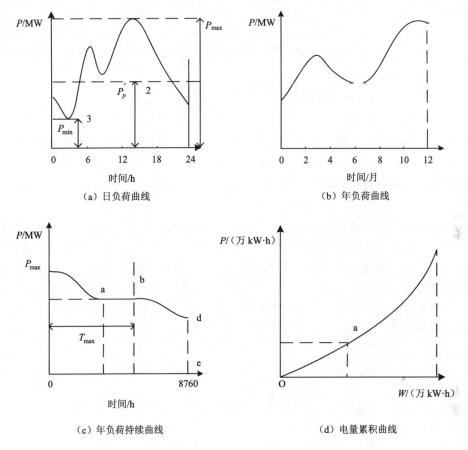

（a）日负荷曲线　　　　　　　　（b）年负荷曲线

（c）年负荷持续曲线　　　　　　（d）电量累积曲线

图 4-4　负荷曲线

研究负荷特性的目的和意义是通过对区域负荷特性的深入分析，摸清该地区负荷特性状况，把握负荷特性变化的规律和发展趋势，从而实施有效的电力负荷调控，找到控制负荷的可行性操作方法，使该地区电力负荷分布趋于平稳，从而提高发、供电机组运行的安全性、可靠性；提高发输配电设备的利用率，并延长其使用的寿命；有效提高电力生产企业的经济效益和广大电力用户安全、可靠、经济用电的社会效益；同时也为开拓电力市场、调整电源结构、实现跨区联网优化配置资源等提供科学、合理的决策依据。

2．负荷特性曲线预测方法

（1）分行业典型日负荷曲线叠加法

以历史负荷曲线为基础，根据未来行业的用电比重与历史上行业用电比重的相对变化来修正历史负荷曲线。先将系统的用电负荷分行业，求得基准年份分行业典型日负荷曲线，再根据基准年份分行业典型日负荷曲线和预测年的分行业最大负荷转换叠加得到预测年份典型日负荷曲线。该方法需要分析行业用电与负荷特性的关系，并需要预测未来行业用电的比重。分行业典型日负荷曲线叠加法能有效反映产业结构、用电结构变化对负荷特性的影响，已成为典型日负荷曲线预测的主要方法。

（2）分类典型日负荷曲线叠加法

将电网用电负荷按用电结构分类（照明、动力等），根据历史资料和调查研究成果，确定基准年分类的典型日负荷曲线，用分类负荷在预测年的日负荷水平将基准年的典型日负荷曲线换算成预测年的典型日负荷曲线，然后将所得的分类典型日负荷曲线叠加，即可得到电网典型日负荷曲线。

（3）综合典型日负荷曲线叠加法

利用电网基准年的典型日负荷曲线研究其用电结构，若预测年的用电结构基本不变，仅是用电量和用电负荷的增长，则预测年的典型日负荷曲线可取基准年的典型日负荷曲线；若预测年用电结构发生较大变化，则先以基准年行业典型日负荷曲线为基础、将超出（或不足）部分单独列出，然后按比例与基准年的典型日负荷曲线叠加，即可得预测年典型日负荷曲线；在预测年用电结构变化不大时，采用基准年综合典型日负荷曲线扩展，预测年的典型日负荷曲线是一种较为简便的方法。

第五节　电力负荷预测

准确的负荷预测是电网规划的重要依据，明确了未来的负荷需求，规划人员就能够合理地确定变电站布点位置、变电容量甚至间隔数量；进一步可以根据变电站和负荷需求科学地构建完善目标网架及网架过渡方案，最终科学合理地将电源与负荷联系在一起，完成从发电到用电的整个过程。电力负荷预测是利用电力电量预测结果和最大负荷利用小时数的比值来进行计算的。

一、电力负荷预测方法

负荷预测可以用电量与最大负荷利用小时数相结合的方法进行预测。由于用电量变化曲线一般较为平缓，预测误差会比较小。同时用电量是一个与经济、地理等因素直接发生联系的量，它的记录资料可以针对不同地区、不同服务行业使用，而且通常比较容易得到。先对电量进行预测，再由最大负荷利用小时数间接预测负荷是一个可行途径，特别是在历史负荷数据缺失的情况下。具体预测手段如下。

在电力负荷预测中，需电量的预测是基本的。如果已经预测出了规划区域的

电量 A_m，再用年最大负荷利用小时数来预测年最大负荷。在某一特定的历史发展阶段，年最大负荷利用小时数会根据一定的惯性趋势变化，所以只要预测出其变化的趋势，在已知用电量的情况，就可以用来预测年最大负荷。其计算方式如下：

$$P_{m.\,max} = \frac{A_m}{T_{max}} \qquad\qquad (4\text{-}22)$$

其中，各电力系统的年最大负荷利用小时数 T_{max} 的变化趋势，可根据历史统计资料及今后用电结构变化情况分析确定。一般情况下随着第三产业在国民经济中的比重越来越大，T_{max} 有递减的趋势。不同电力系统的 T_{max} 可根据历史统计资料以及今后的用电结构变化情况来确定。另外，根据负荷特性分析，当确定了电力系统未来的负荷特性指标 γ、ρ、σ，也可获得系统的最大负荷利用小时数 $T_{max} = 8760\gamma\sigma\rho$。

二、实例分析

负荷预测会受到很多的不确定因素的影响，截至目前，还没有哪一种方法保证在任何情况下都可以获得满意的预测结果。因此在进行负荷预测时候，应该结合预测地区的实际情况，选用多种预测方法，利用多种预测方法得出的结果进行相互校核，并根据结果给出高中低预测方案，提出一个推荐方案作为负荷预测的结果。

例 4.1，2011～2015 年某市历史电量负荷资料统计见表 4-7。

表 4-7　2011～2015 年某市历史电量负荷表

年份	用电量/（亿 kW·h）					供电量		售电量		最大供电负荷	
	第一产业	第二产业	第三产业	居民生活	全社会	数值/（亿 kW·h）	增长率/%	数值/（亿 kW·h）	增长率/%	数值/MW	增长率/%
2011	0.001 2	3.608 0	0.795 3	2.562 3	6.966 9	3.840 4	13.70	3.471 2	15.37	7.4	8.71
2012	0.002 0	4.331 8	1.064 2	3.148 7	8.546 7	4.711 2	22.68	4.250 1	22.44	8.5	12.30
2013	0.010 5	5.680 2	1.191 9	3.822 7	10.705 3	5.901 1	25.26	5.352 8	25.94	9.8	9.93
2014	0.021 1	5.777 9	1.193 5	4.162 0	11.154 5	6.262 8	6.13	5.682 3	6.16	11.3	12.60
2015	0.023 0	7.168 2	1.398 9	4.477 0	13.067 2	7.069 4	12.88	5.930 4	6.69	13.1	9.83

以 2011～2015 年历史数据为基础，通过多种数学方法进行历史曲线拟合预测，校核多种拟合预测结果，排列筛选为高、中、低三个水平阶段，将每个阶段内预测拟合值加权平均，最终预测得 2015～2025 年电量预测结果及增长趋势的高中低三种水平方案如表 4-8、图 4-5 所示。

表 4-8　2015～2025 年某市电量增长预测　　（单位：亿 kW·h）

类别	2015 年	2016 年	2017 年	2018 年	2019 年	2020 年	2025 年
低方案	5.96	6.71	7.81	9.11	10.12	11.98	20.13
中方案	5.96	6.88	7.97	9.26	10.8	12.67	22.67
高方案	5.96	6.92	8.12	9.43	11.12	13.01	23.87

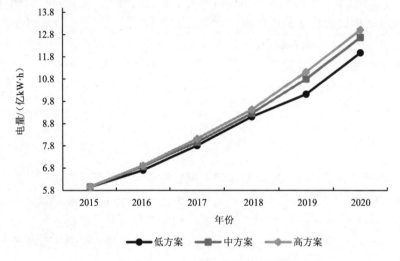

图 4-5　2015～2020 年某市电量增长趋势

根据高方案，2020 年某市供电量为 13.01 亿 kW·h，年均增长 16.86%。根据中方案，2020 年某市供电量为 12.67 亿 kW·h，年均增长 16.28%。根据低方案，2020 年某市供电量为 11.98 亿 kW·h，年均增长 15.02%。

根据对负荷特性分析分析，高中低方案的最大负荷利用小时数预测结果如表 4-9 所示。

表 4-9　2015～2025 年某市最大负荷利用小时数预测　　（单位：h）

类别	2015 年	2016 年	2017 年	2018 年	2019 年	2020 年	2025 年
高方案	4 372.17	4 361.67	4 346.19	4 331.83	4 324.32	4 311.55	4 130.14
中方案	4 365.57	4 350.70	4 332.78	4 318.61	4 301.59	4 281.78	4 097.01
低方案	4 362.07	4 344.64	4 318.79	4 297.81	4 281.40	4 256.98	4 072.00

根据公式 $P_{m.\max} = \dfrac{A_m}{T_{\max}}$ 的关系，将表 4-9 和表 4-10 的预测结果代入计算结果如图 4-6 所示。

表 4-10　2015～2025 年某市电力负荷预测　　（单位：亿 kW·h）

类别	2015 年	2016 年	2017 年	2018 年	2019 年	2020 年	2025 年
低方案	136.088	153.840	179.698	210.304	234.025	277.858	487.393
中方案	136.523	158.135	183.947	214.421	251.070	295.905	533.330
高方案	136.862	159.277	188.016	219.414	259.728	305.616	586.198

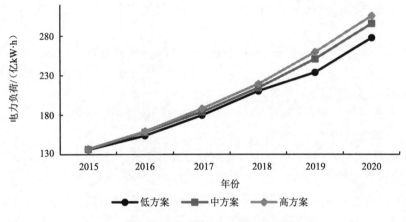

图 4-6　2015～2020 年某市负荷增长趋势

第六节　负荷分布预测

电力平衡工作和电网规划涉及的变电站布点定容、网架构建等工作必须紧密结合各类地理信息，包括电力负荷的地理属性，也即是电力负荷的地理分布信息。因此，确定了规划区最大电力负荷依然无法具体指导电网规划工作开展，规划人员必须在得到最大电力负荷的基础上，进一步做负荷分布预测，为后续电力平衡和电网规划提供依据，从而有利于更好地指导电网规划。

一、负荷类型划分

负荷分布预测是根据政府部门给出的土地利用规划中各地块的用地性质将功能区按照土地使用功能及相应的负荷类型划分为多个地块。在运用分类分布法对功能区进行负荷分布预测前，对功能区进行用地分类是十分重要的，因为负荷分部预测的重点在于确定各分布的负荷密度指标，不同的用地分类方式，会有不同的分布的负荷密度特性。

用电分类是说明国民经济各部门的用电情况和变化规律，用于分析经济增长与生产增长、社会产品增长与电力消耗量增长的相互关系，是负荷分配和电力分配的依据。按照规划部门按用地性质分类方法，土地一般可分为七大类：居民用地、工业用地、商业用地、公共设施用地、市政设施用地、仓储物流用地、道路广场及绿地。

1）居民用地；

2）工业用地：一类工业用地、二类工业用地、三类工业用地；

3）商业用地：商业金融（商业设施用地、商业商务用地、商业娱乐混合用地等）；

4）公共设施用地：行政办公、教育科研（高等院校用地、中小学用地、科研用地等）、文化娱乐、医疗卫生、体育、其他公共设施（社会福利设施用地、文物古迹用地、宗教设施用地等）；

5）市政设施用地：供电用地、供热用地、通信设施用地等；

6）仓储物流用地：一类仓储物流用地；

7）道路广场及绿地：社会停车场用地、公共交通场站用地、公园绿地、生产防护绿地等。

为了使负荷密度指标能够代表未来发展情况，对已经经过充分发展的大型城市及部分地区的同类型负荷的负荷密度情况进行调查，并以这些负荷密度指标作为规划区负荷密度指标设置的主要依据。同时，对于地区特点明显的一些分类，如工业和居住等再结合本地的实际情况进行设置。

参考相应地区工业园区等负荷类型和水平相似地区的调查，各类用地性质远景年的负荷密度指标选取结果如表 4-11 所示。

表 4-11　远景年各类性质用地负荷密度指标选取结果

用地性质		建筑面积指标/（W/m²）	占地面积指标/（kW/km²）	需用系数	容积率	最终指标/（W/m²）
居民用地	居民用地	30	—	0.3～0.5	1.2	12
工业用地	一类工业用地	32	—	0.6～0.8	0.8	20
	二类工业用地	40	—	0.6～0.8	0.8	25
	三类工业用地	50	—	0.6～0.8	0.8	30
商业用地	商业金融	40	—	0.7～0.9	1.2	28
公共设施用地	行政办公	50	—	0.6～0.8	1.5	32
	教育科研	30	—	0.7～0.9	0.8	22
	文化娱乐	50	—	0.6～0.8	1	30
	医疗卫生	45	—	0.5～0.7	1	25
	体育	40	—	0.2～0.5	0.4	10
	其他公共设施	30	—	0.3～0.5	0.8	10

用地性质	建筑面积指标/（W/m²）	占地面积指标/（kW/km²）	需用系数	容积率	最终指标/（W/m²）
市政设施用地	—	20		0.3～0.5	0.8	8
仓储物流用地	—	15		0.3～0.5	0.4	6
道路广场及绿地等	—	—	200		2	—

二、负荷分布预测流程

负荷分布预测本质上是一个负荷的分配过程,应当直接利用总量的预测结果,而且在总量预测的方法和理论上都比较完善，预测精度也较高，在总量预测的基础上将总量负荷预测结果分配到各个分布，从而得出分布的负荷预测结果。

负荷分布预测不仅要预测未来负荷的量，而且要提供负荷增长的位置信息，即未来负荷的地理分布。进行城市配电网络规划，需要以足够详细的负荷分布情况作为基础。一般来讲，需要将城市的全部用地范围按照地块或不同性质的用地功能块进行分解，取得每一个用电地区的预测负荷值，形成的负荷分布预测才能够满足要求。在电网规划中，不仅要预测负荷的量，还要预测负荷增长的位置，即空间负荷分布。只有在确定负荷空间分布的基础上，才能准确进行电网的变电所布点和线路走廊的规划。因此，负荷预测不仅要预测未来负荷的总量，而且要提供未来的负荷分布预测，负荷分布预测流程见图4-7。

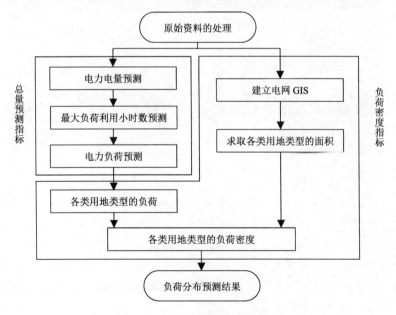

图 4-7　负荷分布预测流程图

　　负荷分布预测步骤分为：根据城市详细规划图→建立的城市配电网的地理信息系统（Geographic Information system，GIS）→求取各类用地的面积→依据预测出的负荷总量→分类负荷→分类负荷除以用地面积→各类负荷密度指标→待预测区域负荷的时空分布。

三、实例分析

　　本算例以某市的城市配电网为例。结合城市配电网 10 kV 馈线的供电范围和城市规划图，采用以供电性质划分供电小区，如图 4-8 所示。

图 4-8　某市的用地信息

　　依据实际情况综合分析各种用地类型的特点，将用地类型聚类成四大类：工业用地、居民用地、商业用地、行政用地。因为医疗卫生用地、教育科研用地和行政用地的负荷特性相类似，所以可以归类成为行政用地，同理，文化娱乐用地跟商业用地的特点比较相似，所以把文化娱乐用地划分为商业用地。仓储物流用地和绿化用地用电负荷相当小可以忽略。利用建立的电网 GIS 求得该市区内各类用地的面积，具体数值如表 4-12 所示。

表 4-12　各类用地的用地信息

用地类型	用地面积/km²
工业用地	29.627
居民用地	50.581
商业用地	8.805
行政用地	7.480

据查该地区的统计年鉴及相关资料，可得知近 5 年该市各类用地类型的平均用电量及最大负荷利用时间数如表 4-13 所示。

表 4-13　近 5 年该市各类用地的平均用电量及最大负荷利用小时数

用地类型	用电量/（万 kW·h）	最大负荷利用小时数/h
工业用地	87 045	6 500
居民用地	5 265	3 000
商业用地	8 435	3 500
行政用地	4 217	3 000

由以上数据可得到，目标年各用地类型的负荷及所占负荷总量的比例分别如表 4-14、图 4-9 所示。

表 4-14　各用地类型的负荷

用地类型	各用地类型的负荷/万 kW
工业用地	133.9
居民用地	17.6
商业用地	24.1
行政用地	14.0

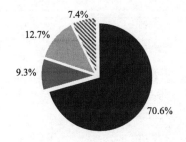

图 4-9　各类型负荷所占负荷总量比例

根据以上求得目标年的各类型负荷所占总负荷的百分比及目标年的各类用地的面积，可以依据分类负荷密度等于分类负荷除以用地面积求得目标年的分类负荷及分类负荷密度，如表 4-15 所示。

表 4-15　规划年各类用地的负荷及负荷密度

用地类型	各用地类型的负荷/MW	负荷密度/(MW/km²)
工业用地	1 600	54.00
居民用地	210	4.15
商业用地	286	32.51
行政用地	166	22.22

在已求得目标年分类负荷密度指标的基础上，待预测供电小区的用电负荷就可以用待预测区乘以相应的负荷密度来求取，公式如下：

$$C_i = d_i \times S_i$$

其中，C_i 为待预测小区的负荷；d_i 为相应的负荷密度；S_i 为与分类负荷相对应用地面积。

以该市其中的 11 个小区为例，具体说明其分布负荷预测（表 4-16），其具体位置如图 4-10 所示。

表 4-16　空间负荷预测结果

小区编号	用地类型	面积/km²	负荷/MW
C1	工业用地	0.277 00	14.960
C2	工业用地	0.297 30	16.050
C3	商业用地	0.252 30	8.200
C4	商业用地	0.294 00	9.560
C5	居民用地	0.231 60	0.960
C6	居民用地	0.203 30	0.840
C7	绿化用地	0.052 25	0.001
C8	居民用地	0.213 60	0.870
C9	行政用地	0.063 18	1.400
C10	居民用地	0.315 00	1.310
C11	商业用地	0.210 20	6.830

图 4-10 选取区域

第七节 本 章 小 结

随着我国经济的持续快速发展，各地政府和规划部门对地区总体发展规划都高度重视，很多地区都重新进行地区总体规划或扩展规划，使得与之配套的电网规划也得到了极大的重视。进行电网规划的基础和关键是负荷预测工作。本章针对电网规划所需的负荷预测进行了全面的分析和研究，对如何做好电网规划中的负荷预测有着很重要的意义。

本章首先对电网规划中的负荷预测过程进行了全面的分析，接着对信息数据作了充分的分析和研究，为后面的负荷预测打下坚实的基础。本章详细地介绍了电网规划负荷预测中常用的负荷预测方法，把它们分成单一预测方法和组合预测方法两类，总结了预测方法的一些特征，并分析了它们各自的适应范围。负荷特性的分析主要是为了得到最大小时数，本章对负荷特性的影响因素和指标进行了详细的分析，并针对性地提出了一些负荷特性曲线预测方法。由电力电量和最大利用小时数的预测结果得到电力负荷预测值，通过确定各区域分布的负荷密度指标，得出负荷分布值。

负荷预测是电网规划的基础，随着理论研究的不断深入及技术手段的日益进步，负荷预测技术将持续完善，预测的结果也将更加精准，这些都非常有利于电网规划的发展。

第五章 电网规划的电源分析

电力体制实施厂网分开改革后，电厂与电网的关系相对独立，电源规划与电网规划也相对独立开展。电源规划主要以发电资源禀赋为基础，以满足负荷发展的需求为目标展开。电网必须保证能够有效接入电源并送至负荷中心，电源与负荷处于电力系统的两端，电网起到连接桥梁作用。因此，电网规划就必须与电源规划协调，保证电网能够可靠、灵活、经济地将电源出力送出，图 5-1 说明了电源规划与电网规划之间的协调关系。因此，电网规划工作必须全面、准确地了解电源现状及电源未来规划的信息。

我国传统电源是水电和火电为主，辅以核电的结构。近年随着可再生风电、光伏、生物质发电和小容量分布式发电形式的快速渗透，其发电特性对电网的影响与传统电源截然不同，需要深入研究新型发电形式的特点和电网规划的影响因素。本章节立足于电网规划，从网–源协调（配合、约束）的角度，深入剖析在电网规划中需要注意的电源问题。

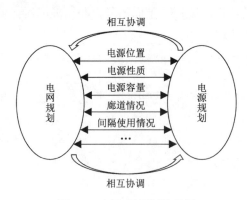

图 5-1   电网/源规划关系图

第一节   电源情况分析

一、电源信息

电力系统网络上承电源，下接负荷，是连接发电侧和用户侧的纽带和桥梁。

完整的电网规划只分析和计算负荷显然是不够的，它还需要与之匹配的电源。一个理想的电源规划方案需要规划区域大量数据的支撑，规划者在制定规划之前，应先进行必要的数据收集，以便能更好地了解当地情况、适应当地经济，因地制宜制定计划方案。完整、正确的数据收集是成功计划的开端，那么，具体需要了解规划区域的哪些数据呢？下面列出了一些电源规划需要的常见数据信息，以供读者参考：

1）当地的地理位置条件；

2）当地的工程地质、水文地质、气候等条件；

3）当地资源情况（包括生物资源、矿产资源、水资源、土地资源、风能、地热、潮汐能、水能等）；

4）当地电源（电厂）的地理位置分布及其性质；

5）各大电厂的装机容量及过载情况；

6）电厂间的交通状况；

7）当地城市规划情况（包括基础设施情况、建筑面积、防灾情况等）；

8）当地经济条件。

显而易见，设计机组投建方案、规划机组建设地点及容量、经济效应分析等，是规划者拿到规划书后第一时间跃入脑海的计划方案。然而，在实际工程中，规划者所建立的目标函数和生产模拟只是一个理想化的模型，具体实施的过程中还会遇到许多困难，这就要求规划者在制定方案的时候，不能只考虑装机容量和城市电网规划，更要考虑一些影响电网规划的其他因素（包括电厂地理位置、当地气候条件、输电走廊地理位置、电源进出线问题等），必要时还应对上一级电源提出协商要求和建议。

充分的信息采集是衔接电源与电网的重要保障，在收集信息时务求科学、全面，必要时可向上一级电源提出意见和协商要求，从而设计最优电源路规划，并获得综合最优方案。

二、电源发展信息

电源发展就是根据预测的负荷和经济合理的备用容量要求，遵循国家能源政策、环境保护政策和合理开发利用能源资源的原则，以提高技术经济效益和符合环境保护政策为前提，对各类电源建设方案进行优化，制定的在规定年限内全系统电源开发方案。电源的建设主要受地理环境和发电资源分布情况的制约，其发展较少考虑现状电网是否协调配合，实际情况往往是反过来，主要由电网规划配合电源的送出。因此，电网规划必须与电源在规划年内的发展相匹配，在电源送端围绕电源的发展制定规划方案，实现电源出力的可靠、有效送出，实现资源的高效利用。

从时间的动态配合关系上看,由于大型电源项目的建设期一般为2~5年甚至更长,运行期长达30~50年,需要提前做好统筹安排,将调结构、优布局走在前面,避免出现电源建成后由于电网送出配套建设滞后,无法有效、满额送出,从而造成投资、资源的巨大浪费。因此,必须全面了解收集电源的发展规划情况,在电网规划中做出相应的契合,这对于保证电网的供需平衡具有很大的意义。

要做到对电网规划信息的完全掌控,就必须分析规划区域内电源的发展情况,根据电源规划策略进行相应的调整。表5-1为电源发展情况的基本信息采集项。

表 5-1　电源发展情况

类型		规划第一年年新增装机容量/MW	规划第二年年新增装机容量/MW	规划第三年年新增装机容量/MW	规划第四年年新增装机容量/MW	规划第五年年新增装机容量/MW	本年投资完成额/亿元	比上年增长/%	占全部电源投资额的比例	
									比例/%	比上年提高/%
电源工程建设投资完成										
其中	水电									
	火电									
	核电									
	风电									
	光伏									
	生物质									
	其他									

对于规划年内的电源变化情况（新建、退运及扩容等）也要在一定程度上把握,这在很大程度上决定了规划年内的电力供需平衡。电源的发电能力与电网的配送电能力一定要能够相互适应,否则就会造成资源的浪费或电力供应不足。

电网规划涉及的电源发展问题有以下几点。

1）规划区域内的新投产的电源位置、容量;

2）规划区域内的退役的电源位置、容量;

3）电网是否能够满足新增电源的接入要求;

4）新增波动性电源对电网的电气特征（潮流、电压等）有何影响;

5）新增波动性电源对电网的运行有何影响;

6）新增波动性电源对电网的影响在规划阶段如何解决。

电网规划与电源规划关系密切,是保证供电可靠性的关键。电源发展规划要根据负荷预测的资料进行发电技术选择、发电生产模拟和扩展方案优化。对电源发展情况的把握也是合理规划电网的基础。

我国地域辽阔,具有丰富的清洁能源,利用清洁能源的分布式电源满足负荷需求是大势所趋，将其接入配电网是必然的选择，分布式电源的容量及与电力系统的连接方式如表 5-2 所示。

表 5-2 分布式电源的容量及与电力系统的连接

种类	典型容量范围/MW	与电力系统的连接	种类	典型容量范围/MW	与电力系统的连接
太阳能	$10^{-3}\sim1$	DC-AC 转换	联合循环发电	$10\sim1000$	同步发电机
风能	$10^{-4}\sim10$	异步/同步发电机	燃气轮机	$1\sim1000$	同步发电机
地热能	$10^{-4}\sim10$	同步发电机	微型燃气轮机	$0.01\sim100$	AC-AC 转换
海洋能	$10^{-4}\sim10$	四级，同步发电机	燃料电池	$0.01\sim100$	DC-AC 转换

在规划分布式电源时，为了减小分布式电源对网络潮流、电压分布、馈线热极限和继电保护等方面的影响，还需要考虑分布式电源的持续运行时间，并要对相关变量进行敏感性分析，综合多种因素完成对分布式电源的合理选取。

规划时，要针对分布式电源的不同接入方式、接入地点、分布式发电的接地方式、注入点处的有功功率/无功功率等因素进行讨论，保证电网可按恒定功率因数方式运行。分布式发电本身在进行电压调节时不应造成在电压频繁越限，更不应对所联配电网的正常运行造成危害。分布式电源接入处应配备继电保护，以使其能检测何时应与电力系统解列，并在条件允许时以孤岛方式运行，使其难以对电网造成损害。

三、电源典型接入结构

（一）电源接入基本方式及其对电网的影响

（1）点对网形式

点对网的接入方式，是指通过专用的输电线通道直接将大型电源接入受端电网的方式。通常用于电力负荷水平较大却又远离负荷中心的电源送电方式。采用大容量的发电机组、强串补送电将成为我国输电模式的主要方式。为了提高送电稳定性，通常要加装串联补偿装置。

点对网与其他通道之间没有联系，故而在断开线路时不会发生潮流转移；同时，由于输电线与受端网络独立相连，有助于受端系统的暂态稳定，易于分析和控制。但是，一旦电源停运，电力出线将没有作用，不能为其他电源提供输送通道；输电线路的输电能力不能得到充分利用，经济性较差；受端电网发生故障时，整体电网的稳定水平有所下降；这种形式的电源如果是火电厂，则可能会存在次同步谐振问题。

（2）打捆外送形式

打捆外送形式是指在送端电网将几个距离较近的电源相互连接起来，然后通过几条线集中起来形成一个打捆输电通道，再接入受端网络的方法，如图 5-2 所示。在送端电源位置距离较近的情况下，这种方式是一种天然选择。随着受端网络规模的不断扩大，每一个输电通道的输送容量也可以不断增加，使得大电源基地电力送出的汇集型送电成为了可能。

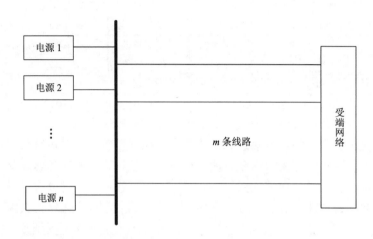

图 5-2 打捆外送接线示意图

打捆外送形式增加了输电通道之间的联系，大大提升了输电的可靠性；节省了输电线路走廊，避免了独自输电系统建设工程产生的浪费现象；提高了受端系统的暂态稳定水平，可以充分发挥线路的输电能力，从而提高了经济性；有利于大型电源接入系统的发展。缺点是，若某条线路断开，则可能造成其他线路过载，进而引发连锁反应；断开时，两端联系电抗减小导致静态、动态稳定性降低，可能会发生低频振荡；每一输电通道的容量都要与受端系统的规模相适应，若某一组输电容量过于集中，则可能因电源容量失去太多导致受端崩溃。《电力系统技术导则》（SD 131—1984）规定，除了共用一组送电回路的电源外，应避免远方的大电源与大电源在送端相连；送到同一方向的几组送电回路原则上不能在送端连在一起，如要连接，则必须能在严重事故时实现快速解列；送到不同方向的几组送电回路，如在送端连在一起必须考虑在事故时具备快速解列或切机等措施，以防止负荷转移而扩大事故，在电网规划中要根据具体实际情况分析。

（3）混合接入形式

混合接入形式是网对网、点对网形式的混合，即大电源向受端网络直接点对网的同时，还和当地的电网络连接，并利用二者之间的联络接线形成联系紧密的输电结构，如图 5-3 所示。

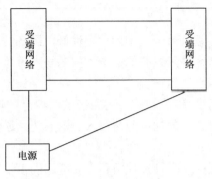

图 5-3　混合接入形式

混合接入形式有较强的汇集和输送能力，有利于暂态稳定性极限的提高（暂态稳定性优于点对网但差于网对网）。但混合式接线的某条线路断开时会发生严重的潮流转移，易引起大型停电事故；当两个电网合并成一个更大的电网后，原电网内部某些断面的稳定水平会发生变化，需要具体情形具体分析。

（4）放射接入形式

放射接入形式是大型电源以多条出线（可以是交流，也可以是直流）辐射状分散接入环形受电网的方式。大型电源可以分散接入同一个受端网络，也可以接入不同的受端网络。若接入不同的受端网络，这些受端网络之间可以有直流联系，也可以没有联系，如图 5-4 所示。

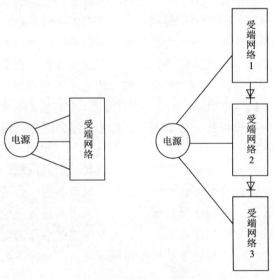

图 5-4　放射接入形式

放射接入形式输电通道之间没有相互联系，故障时不会发生大的潮流转移，并且易于控制送端短路电流；受端系统本身的暂态稳定较好，失稳模式较为简单，易于分析控制。

　　放射接入形式缺点是，单个通道的稳定性低、经济性差；含串补送出系统次同步谐振风险大；直流多馈入系统的安全性问题与直流落点的布置和受端交流电网结构有很大关系：若受端短路容量小，则系统安全稳定性差，若短路容量大，又容易超过开关设备的承受范围。《电力系统安全稳定导则》（DL755—2001）规定，外部电源宜经相对独立的送电回路接入受端系统，避免电源或送端系统之间的直接联络和送电回路落点过于集中。

　　直流集中落点地区的安全稳定性问题需要考虑的主要有两点：直流故障是否会引起交流故障的连锁反应；落点附近的交流系统故障是否会引起多回直流连续换相失败，进一步导致交流系统的稳定被破坏。

　　（二）进出线问题

　　（1）进出线形式

　　对于目前的发电行业来讲，大容量机组、计算机实时控制系统已经越来越普及，核电站也已经在慢慢投建，这无疑对电源进出线的可靠性和经济性提出了相比以前更高的要求。为了保障电厂长期稳定、高效地运行，进出线的选择显得尤为重要。在制定选择计划时，务必要严格结合厂用供电电源的来源方式、工作电源和接线方式。同时，在其二次侧应配备完善的继电保护和自动装置、正确选择厂内电机类型；在实际使用的过程中应对机械组进行科学的维护和高效的管理。

　　我们知道，电缆线的造价比较高，架空线的维护成本高。如要设计架空线，不仅要考虑线路走廊问题，占地面积也较电缆线更大。所以，在设计选择电源进出线的形式时，不仅要考虑其经济性，更要考虑可行性，需要因地制宜地制定方案。例如，城镇10kV配电所电源进出线应优先采用电缆线，如条件允许，也可以采用架空线；10kV配电所如有高层建筑过多、穿过重点风景旅游区、跨越道路建筑过多时，应采用电缆线；对于地广人稀的乡镇则优先采用架空线。

　　（2）进线回数

　　在设计中，通常有几个电源则选择几个进线回路，电源个数的确定与负荷的重要性质有关，负荷等级越高，对电源的需求也就越高。负荷等级较低的一般只需设置一个电源即可，但对于负荷等级高的，通常要设置双电源。高压侧电源根据电源引进个数来确定，低压电源则一般由变压器的数量确定。一般原则是，进线回路由电源个数决定，电源个数由负荷性质决定，负荷等级高通常是双回路，负荷等级低通常是一回路。

　　例如，供电范围内有10kV高压负荷或有低压一级负荷不能由附近取得另一回低压电源时，电源进线需设置双回路，而且两个电源之间没有联系；若有联系，则必须满足发生故障时两个电源不致同时受到损坏，即不中断供电。供电范围内有 10 kV 二重负荷或有低压二级负荷不能由附近取得另一回低压电源时，电源的进线应设置双回路。两回路电源其中一个回路连接到上一级变、配电所的 10 kV 母线上，另一回路也引自同一个（上一级）变、配电所 10 kV 母线上。两回路电源不可接于上一级变、配电所同一母线上。负荷容量较大，需要用变压器容量超过 5600 kVA 的三级负荷，允许设置二回电源进线。

（3）出线回数

高压侧的出线回数由变压器的台数决定，对于低压侧来说，出线数与负荷数有关，通常要求各个出线回路上的负荷分布是均匀的。

一般情况下，一级负荷设置双回路馈电，分别接在变、配电所的两端母线上；二级负荷则设置双回路馈电（允许一回路 T 接其他负荷）。三级负荷每个电动机宜设置一回路馈电，所用变压器设一回路馈电；向一、二级低负荷供电的每台变压器宜设一回路馈电；三级负荷变压器同方向的三台以下（不包括容量较大的）可共用一回路馈电。

总的来说，负荷多一般出线多，负荷少一般出线少。

（三）输电线走廊问题

为保证各电厂与用户之间的正常电力传输，正常的架空输电线路都需在杆塔上架空输电线路以确保系统的正常运行。这就是输电线路走廊，是规划者必须考虑的因素之一。制造杆塔不仅要占用土地面积，同时为了保证架空线路的绝缘强度和避免地面建筑与居民触电，在高压导线周围还必须拓展一定的净空间区域。高压导线运转时会在地表产生感应电场，如果不将输电线路悬挂在设计好的高度上，电场会对环境产生不同程度的破坏。同时，线路运行或发生短路故障时，强大的电流磁场产生的电磁感应会干扰附近的电信系统。在设计架空输电线走廊时，这些都是需要注意的地方，尤其是当线路走廊跨越建筑群和居民区时，如何解决线路走廊空间问题就显得尤为突出。

伴随电网规模的扩大，经行山区、林区的输电线路不断增加，线路走廊附近村民烧荒、祭扫等行为而引燃的山火对输电线路安全稳定运行造成的威胁正在日益加剧。数据统计显示，仅在 2010～2013 年，广西电网 110 kV 及以上电压等级输电线路累计发生山火跳闸 31 起，有 20 余条/次输电线路受山火影响而被迫紧急停运。输电线路山火跳闸故障具有季节性、隐蔽性和突发性的特点，多发于每年冬春之交，多处于人迹罕至的山林或农耕区。线路山火跳闸故障发生前，电力部门往往毫无察觉，因而也来不及采取任何防控措施。为了增强输电线路防山火工作的主动性，往往在山区的输电线路走廊需要先进监测技术的支持，大大增加了铺设成本。

电力线路走廊所在地理位置的气候条件，也是规划的重点之一，如当地频发雷击、山洪、暴雨等，都需对电力线路走廊的维护投入巨大资金。此外，为了保证电力输送的正常运转，工作人员需对电力线路走廊进行定期巡检。一般来说，电力走廊跨度大、距离长，往往要穿过深山老林、大江大河甚至是沙漠等交通极为不便的地区，巡检时常常配以无人巡检机进行巡检，其高效、快速、可靠的特点成为电力系统巡检技术的一个重要发展趋势。

以上所提都是一些关于输电线路走廊铺设的常见问题。在规划中，如果出线形式选择了架空输电线走廊，那么这些问题的权衡取舍都是不可避免的，需要规划者特别注意。

第二节　电网规划中各类电源分析

一、各类电源协调规划

电网规划不应是单一、独立的，其必须与电源规划相协调进行，特别对于分布式清洁能源发电，规划方案中很重要的一点就是增加分布式发电的渗透率，提高清洁能源发电在整个电力需求中的比重。另外，在分布式电源大规模并网的趋势之中，必须要保持其供电的安全性、可靠性。

如今的电网规划在对待分布式电源时，采取的都是就地并网的方式，也就是"哪里有分布式电源，就在哪里并网"。在这种模式下，分布式电源的随意并网会造成电能质量的下降，甚至会对电网的安全性造成影响。

（一）火力发电的热电协调规划

为了在小型火力发电厂的设计规划中贯彻国家的基本方针与策略，优先实行热电联产，讲求经济效益、社会效益，节约资源、节省工程投资，因地制宜地利用煤炭资源，实行综合利用，节约用地、用水，保护环境，执行国家标准的规定。

首先应该确定发电厂的类型，应符合下列的规定：

1）根据城镇地区热力规划，热电负荷的现状与发展，热力负荷的特性与大小，在经济合理的供热范围内，应建设供热式发电厂。

2）根据城镇地区电力规划，在煤炭资源充足而交通不便利的缺电地区或无电地区，以小水电为主的地区，解决枯水季节电源，具备煤炭来源条件时，应因地制宜地建设适当规模容量的凝汽式发电厂。

3）根据企业规划发展热、电负荷的需要，可建设适当规模的企业自备供热式发电厂。

（二）风力发电的网源规划

随着风电的大规模发展，风电具有的随机性、波动性、间歇性、反调峰性、可控性差、可预测性弱等特点，使得风电并网问题不仅体现在电网规划方面，还体现在对系统调峰、调频能力的需求方面，因此，风电的规划往往包含了电源规划和电网规划两个方面。

有关含风电的网源规划研究很多，但是一般将电源规划与电网规划分开考虑，对于相互间的协调考虑不够。例如，风电发展迅猛但地区相对比较集中，多在东北、西北、华北和东部沿海地区，系统调峰压力极大，可接纳的风电有限，就需要建设一定规模的调峰电源，或者采用风火电"打捆"方式实现风电远距离、大容量输送，这样一来，网源的协调规划就显得很重要了。

目前，应对全球气候变化已成为世界各国共同面临的重大挑战，也受到我国政府的高度重视。2009年9月，国家主席胡锦涛在联合国气候变化大会上提出，到2020年我国非化石能源占一次能源消费的比重将达到15%左右；2009年11月，国务院常务会议决定，到2020年我国单位国内生产总值CO_2排放比2005年下降40%~45%。风力发电目前属于技术成熟、成本较低及可实现规模化开发的新能源发电技术，在调整能源结构、减少化石能源消耗、缓解环境污染、降低温室气体排放等方面将发挥不可替代的作用。近几年，我国风电的迅猛发展已成为新能源发展的一大亮点，但同时也暴露出风电规划与电网规划不同步、系统调峰能力不足、风电开发政策不配套等问题。

（1）调节机组容量的确定

风电接入后，经风电出力修正后的系统负荷的最大、最小值必须满足如下条件（1个机组组合周期中，如24 h）：

$$\begin{cases} P_{\max} \leqslant \sum_{i-1}^{n} P_{i\max} \\ P_{\min} \geqslant \sum_{i-1}^{n} P_{i\min} \end{cases} \tag{5-1}$$

其中，$P_{\max}$ 与 $P_{\min}$ 分别为经风电出力修正后的系统负荷最大值与最小值；$P_{i\max}$ 为机组 i 的最大机组出力限制；$P_{i\min}$ 为机组 i 的最小机组出力限制。

若无法满足上述的要求，理论上需要配置相应的调节机组 ΔP，其机组出力要求如下：

$$\begin{cases} \Delta P_{\max} \geqslant P_{\max} - \sum_{i-1}^{n} P_{i\max} \\ \Delta P_{\min} \leqslant P_{\min} - \sum_{i-1}^{n} P_{i\min} \end{cases} \tag{5-2}$$

式中，$\Delta P_{\max}$ 与 $\Delta P_{\min}$ 分别为调节机组的最大出力与最小出力。

在规划层面首先必须满足最大负荷约束，在此基础上再考虑最小负荷约束，必须注意如果峰谷差过大，机组的最大和最小出力限制有时候会出现无法同时满足的情况。在实际计算时，如最大出力限制未起作用，则可尝试减少开机台数以满足最小出力限制。如仍不可行则只能通过考虑改善负荷特性来解决该问题。

（2）调节机组类型的选择

调节机组配置电源可以是储能单元（蓄电池）、火电机组、燃气轮机组、水电机组、抽水蓄能机组等。蓄电池储能技术目前还不成熟，其成本高、蓄电池容量不大，难以满足国内当前风电装机容量的要求。火电机组环保压力较大，调节速度受限，但技术较成熟，相对可靠性高、灵活性强、受地区限制小。燃气调节在欧美国家有所应用，国内燃气资源相对较少，但其跟踪负荷变化的速度比火电机组好，也不像水电机组那样会受到水源地的限制。水电机组出力调整范围大、速度快，运行成本低，环境污染少，在自然条件许可的地区，抽水蓄能也是常用的功率平衡调节方式。不同类型的调节机组配置电源各有其特点，需要根据系统对调节能力的具体需求及区域条件的限制来选择合适的调节机组参与风电系统的调节。

总体流程如图 5-5 所示。

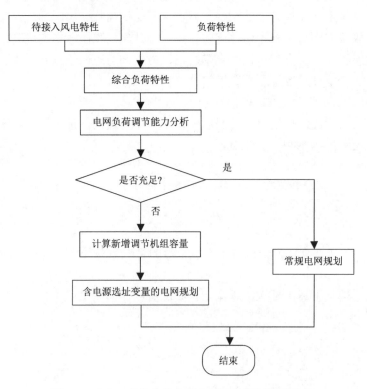

图 5-5　考虑风电接入的电源电网协调规划总体流程

首先获得考虑风电和负荷的综合曲线，然后分析现有的电网负荷调节能力是否足够，如果充足则进行常规电网计算，如果不够则计算调节机组容量，再与电网规划的线路选址一起进行调节电源的选址。

（三）光伏发电协调规划

光伏发电是太阳能转化为电能的发电技术，属于新型清洁能源之一，具有极为广阔的发展前景。近年来，新发电能源的蓬勃发展，给区域电网既有结构及规划发展带来了新的难题，包括电源结构、输电网运作效率及供电质量、变电站选址等在内的各类不确定因素要求有关发展部门重视新型能源的发展网络与态势，在保障电力事业发展的基础上稳定现阶段的资源共享及建设混乱等情况，力求在资源合理配置的条件下提高包括光伏发电等新能源发展的有效性。因此，笔者经查阅相关资料文献、结合实践经验，将我国现阶段光伏发电发展对区域电网规划协调性的影响进行具体剖析，以期为电力事业的可持续发展提供可参考依据。

光伏发电已经形成较为稳定的发展结构，并具有可观的发展成效。然而，作为新能源的重要分支，光伏发电在生产过程中存在多方面与区域电网规划协调性联系密切的因素，要真正提高光伏发电的社会价值，必须着手于提高其二者的兼容性与协调性。将这些因素总结为以下几个方面。

1）电源结构层面。一般来说，各种能源形式的发电系统除了要与资源的结构相适应，还应充分符合社会需求基础上的电源规划，使得电源结构最优化。在很大程度上，传统能源的电力生产系统与新能源生产系统的协调性决定了电力产品的消费价值，只有在能源消纳能力与生产相匹配的情况下才能充分发挥新能源包括备用容量与调峰容量的发展优势。目前，我国光伏新能源发电事业蓬勃发展，与此同时，出现了传统能源装机及新能源装机比例失调的情况，发电区域其抽水蓄能发电未能有效开展，燃气发电仍占有较大比例，新能源装机容量与规划容量仍存在较大差距，地区电网规划协调性有待提高。

2）系统调峰层面。从系统调峰上看，作为新型能源的光伏发电在出力特性上具有反调峰的特征，相较于传统能源其调峰能力稳定性欠缺。目前，许多区域已经具备较适应的调峰容量，未能为光伏等新能源提供更广阔、安全的发展平台，因此，应着重解决区域特征基础上调峰电源及其结构的协调性问题，以提高电源规划的合理性。

3）源网协调性层面。源网协调性即电源规划及电网规划的长期适应性，但从现阶段来看，我国部分地区存在新型能源争夺发展平台、发展混乱无序的情况，与电网规划产生多方冲突并造成了较大浪费；对此，有关部门应提高干预比例，对供电企业进行必要的电网接纳能力及限电的宣讲，并对包括光伏在内的新能源建设加以疏解和引导。

4）配电网利用效率层面。在电网规划中，通常习惯通过容载比、最大负载率及电网安全度等指标进行规划有效性的评价。首先，从我国部分地区的电力能源发展情况看，光伏作为不稳定电源之一，在进行并网改造后容易出现电力盈余的波动情况，对输电网潮流包括大小及方向在内的因素造成效率层面的消极影响；其次，新能源在大量开发处理情况下均容易产生电容量和负载率极端发展的情况，造成其公网变电量及线路利用效率下降的后果。另外，光伏新能源在上网线路的设计中多采取导线截面的装机容量选择法，在其机群发电的同时率处于低水平及年利用时间少的情况下，整体的配套送出线路负载率将呈现低于正常水平的状态，直接影响整个输电网的利用效率。

含光伏电源的配电网规划流程见图5-6。

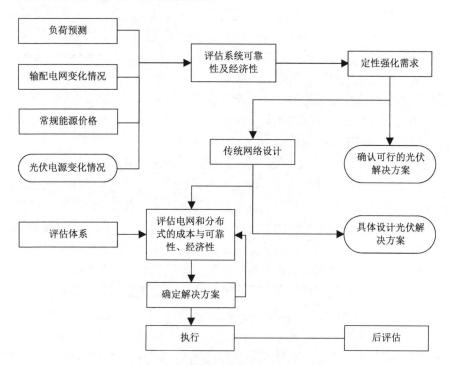

图 5-6　含光伏电源的配电网规划流程

传统的配电网计算分析和规划设计方法已经不适用于包含大量分布式光伏发电的配电网，因此，必须针对新型的电源结构和供电方式，研究适合分布式光伏系统接入的配电网分析理论和规划设计方案。我国的太阳能光伏发电与欧洲等国家以"分散开发、低电压就地接入"的发展方式不同，呈现出"大规模集中开发、中高压接入"与"分散开发、低电压就地接入"并举的发展趋势。与过去相比，由于光伏电源等分布式电源的出现会使电力系统的负荷预测、规划和运行具有更大的不确定性，当大量用户安装分布式电源为其提供电能时，使得规划人员很难准确预测负荷增长情况，从而影响配电网规划的准确性。光伏电源合理的选址定容可以推迟或减少电网升级投资，可在保证电网运行的安全性与经济性的同时，推进光伏电源在电网的逐步渗透。规划数据量方面，传统配电网规划考虑的年限一般为5～20年，在这年限内，通常假定电网的负荷逐年增长，新的中低压节点不断出现，结果会增建一个或多个变电站。规划问题的动态属性同维数紧密关联。光伏电源的接入无疑增加了更多的发电机节点，增加了电网的维度，使得寻求最优网架结构的过程变得更为困难。二次规划方面，自动化系统、通信系统、保护装置等相关规划都需要做改变，以满足新形势下的需求。设备方面，光伏电源通过逆变器并网，需要大量的电力电子装置，配套的控制设备及将光伏电源集成到既有配电系统中都是对设备的一次升级。

当光伏并网发电远距离输送电力在经济和技术上成为可能时，由于光伏并网发电没有旋转惯量、调速器及励磁系统，它将给交流电网带来新的稳定问题。如果光伏并网发电形成规模采用高压交直流送电，将会给与光伏发电直流输电系统相邻的交流系统带来稳定和经济问题（专门用于光伏并网发电的输电线路，由于使用效率低，将对荒漠太阳能的利用形成制约。用于借道或兼顾输送光伏并网发电系统电能的输电线路，由于负荷率低下，显得很不经济），不论采用高压交流或直流送出，光伏并网发电站都必须配备自动无功调压装置。

（四）水力发电电源-电网规划

随着经济和社会的快速发展，电力的需求也日益增长。为了满足国民经济高速增长对电力的巨大需求，电力运营部门正在进行大规模的电源、电网的新一轮扩建工程。如何进行合理有效的规划工作、如何稳步迈入电力市场等问题也摆在了我们面前，因此，有必要对电力的下一步发展进行科学合理的规划研究，以期取得更大的经济社会效益，为国民经济的健康、快速持续发展提供有力保证。电力需求预测是电力系统中最重要的一个环节，它关系到短期内的发、用电是否平衡和长期的电源规划是否合理，此外电源规划和电网规划也事关系统是否能安全稳定运行的大局。

为保证国民经济的快速发展，有必要采用新的更全面准确数据和预测方法来进行负荷预测。合理的水力电源规划可以保证取得最大的经济效益。

二、新能源发电对电网的影响

1. 分布式电源

分布式发电具有许多方面的优点，特别是在绿色环保方面，然而从城市配电网的角度而言，由于分布式光伏电源本身的间歇性随机性使得配电网对其接入容量、位置等有严格要求。特别是大规模分布式光伏电源接入城市配电网，会对传统的城市配电网产生较大的负面影响，如对网损、潮流、电压、电流等。分布式光伏电源接入城市配电网将后会导致网络的潮流的流向在某些时刻发生变化。

（1）光伏系统并网位置对配电网潮流和电压分布影响

当光伏电源接入配电网后各节点电压会有所提升，甚至会出现母线电压高于送端电压。接入较大容量的光伏电源就会在配电网接入点处形成一个局部系统电压的极大值，其接入的位置直接决定了电压被抬高路段。但是如果仅考虑电压的提升，那么比较理想的接入位置是线路末端，但问题是电压会超出额定值甚至会高于送端系统的母线电压；并且当线路末端接入的光伏电源退出运行时会导致光伏电源接入节点附近电压变化幅度过大，所以从这个角度考虑光伏电源接入点只有接近系统母线才对系统的电压分布影响最小。

潮流的分布直接影响系统配电网络的损耗，当接入容量一定，分布式光伏系统的接入位置为线路前端时，光伏系统和系统母线之间线路传输功率会减小，而传输功率的减小会减小线路的网损；相反，随着系统接入位置的后移，系统母线和光伏电源之间的线路网损会有所上升。所以光伏电源系统合理的接入位置对配电网络的损耗产生重要影响。

（2）光伏系统并网容量对配电网潮流和电压分布影响

分布式光伏系统接入配电网的位置和容量都会影响其对网络系统节点电压的支撑水平，假定其中一个因素即光伏系统接入位置一定，则对系统节点电压的支撑水平起重要作用的是接入容量。当光伏电源出力与负荷的比值越大，则网络系统的整体电压水平也越高其对节点电压的支撑作用也就越明显。

但是由于分布式光伏电源出力随日照变化而变化，必须对这种电压的变化率进行一定的限制，这样才能避免系统的电压越限。所以必须对接入对系统的光伏电源的运行状况进行监控，增设无功补偿设备来减小其对系统稳定运行造成的影响，必要时限制其接入系统的容量和时间。

2. 电动汽车

随着全球能源危机和环境污染的不断加剧，各国都意识到节能减排是未来发展的必经之路。目前我国已经完成了北京、天津、石家庄等9个大气污染防治重点城市的源解析工作，研究结果表明，机动车、工业生产、燃煤、扬尘等是当前我国大部分城市环境空气中颗粒物的主要污染来源，占 85%～90%。其中北京、杭州、广州、深圳的首要污染来源是机动车，石家庄、南京的首要污染来源是燃煤。同时，我们石油资源的短缺，都说明发展电动汽车将是其中的一个重要举措。

（1）对电气设备的影响

当线路负载率较低时，合理的电动汽车接入电网充电将会提高线路的运行效率，使线路经济运行；但是当电动汽车渗透率较高时，由于流经线路和变压器的电流增大，导致线路负载过重，线路的负载损耗增加，从而让线路从经济运行区域转变到非经济运行区域。

（2）对电压的影响

高渗透率的电动汽车接入电网充电会影响线路的节点电压，尤其是末端节点电压会严重下降，影响用户的正常用电。随着电动汽车渗透率的增加，无控制的电动汽车充电需求会对电网产生较大的负面影响，应当对其加控制和引导。

（3）对电网调度的影响

考虑电动汽车充电行为的随机化，大量电动汽车接入会给电力系统的运行与控制带来显著的不确定性。电动汽车大规模商用后如果无序充电，会产生大量负荷，导致等效负荷的峰谷差变大出现"峰上加峰"，增大电网调峰难度，需要常规电源有更大的有功功率调节能力，电网必须按比较保守的方案为电动汽车留出足够的备用容量平衡充电功率的波动，这不仅将极大增加电动汽车充电设施的重复投资建设，还将增加电网的建设负担，降低发电机组和电网的运行效率及设备利用率，带来电网的隐患。

三、新能源发电对电网规划的影响

分布式发电的出现给配电网的运行带来了巨大的影响，同时也给传统的配电网规划带来了实质性的挑战，使得电网规划人员在选择最优方案时必须考虑分布式电源给配电网规划所带来的影响，要包括以下几个方面，见图5-7。

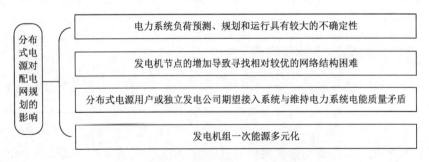

图 5-7　分布式电源对配电网规划的影响

首先，分布式发电的出现会使电力系统的负荷预测、规划和运行与过去相比有更大的不确定性。由于大量的用户会安装为其提供电能，使得配电网规划人员更加难以准确预测负荷的增长情况，从而影响后续的规划。另外，虽然可以减少电能损耗，并且可以推迟或减少对电网升级的投资，但是如果的位置和容量不合适，反而可能导致电能损耗的增加，从而导致网络中某些节点电压的下降或出现过电压，还会改变故障电流的大小、持续时间及其方向。因此，为获得正确的决策，必须对给配电网造成的影响做出准确的评估，即最优化工具必须能够准确评估对所在电网的影响，给出最优位置和容量，使得在电网的逐步渗透不会破坏电网运行的安全性和经济性。

其次，传统的配电网规划考虑的年限一般为五年，在此年限内，通常假定电网负荷逐年增长，新的中压低压节点不断出现，结果会增建一个或更多的变电站。由于规划问题的动态属性同其维数相关联通常需要同时考虑几千个节点，若再出现许多发电机节点，将会使得在所有可能的网络结构中寻找到最优的网络布置方案即可以使建造成本、维护成本和电能损耗最小的方案就更加困难。

最后，对于想在配电网安装的用户或独立发电公司，他们与想维持系统现有的安全和电能质量水平不变的配电网公司之间存在一定的冲突。这是因为大量接入配电系统运行后，将对配电系统结构产生深刻影响，使得配电网对大型发电厂和输电的依赖逐步减少，原有的单向电源馈电潮流特性也发生了变化，一系列由分布式发电技术引起的配电网综合性问题包括电压调整、无功平衡和继电保护等复杂化将影响系统的运行。为了维护电网的安全、优质运行，必须使分布式电源能够接受调度，要实现这个目标，必须添置必要的电力电子设备，通过必要的控制和调节，将单元集成到现有的配电系统中，这不但需要改造现有的配电自动化系统，还要转变思想观念，由被动到主动地管理电网。

此外，由于机组类型及所采用一次能源的多样化，如何在配电网中确定合理的电源结构，如何协调和有效地利用各种类型的电源成为迫切需要解决的问题，这使得国家能源政策等直接渗透到与有关的电力系统规划中，并进而影响到规划的决策过程。

四、新能源并网问题解决方案

针对新能源发电并网问题的探讨主要分为两个方面：一方面，新能源发电的间歇性与波动性对电网的运行有很大的影响，这其中的部分问题可以通过规划阶段进行解决；另一方面，新能源电源所处的地理位置具有分散性，受到地理位置与资源情况的限制，规划阶段要根据具体情况，优先建立集中式能源基地，统一管理，统一调度。

1. 间歇性、波动性

新能源发电的间歇性和负荷的波动性会造成系统潮流波动，给配电网无功潮流优化控制带来困难。针对这一问题，规划时要因地制宜，最大可能地在规划阶段避免这一难题，具体的规划理念是综合多种能源的优劣，进行互补优化规划，最大限度地保证供电质量。

2．地理位置分散性

新能源发电受到地理环境及资源的约束，其分布特点为典型的分散性。对电源规划与电网规划的协调关系要求更为严格，电网规划的灵活性要优于电源规划，所以要尽可能地围绕电源的发展建设情况，建立合理的网架布局，满足电能的有效送出。总的来说，电源规划阶段争取做到电源的集中化，这样便于建成后的管理等相关工作；电网规划严格围绕电源地建设情况，以保证用电质量和满足电源的有效送出为目标，同时，考虑经济效益的最小化，从而做出合理的电网规划方案。

第三节　电源接入对电网的影响

1．分布式电源规划方案评价流程

多属性决策问题一般由以下要素构成：决策准则、决策目标、决策属性、决策对象和决策者。决策属性是用来评价目标所能达到的程度，属性种类可分为效益型、成本型、固定型和区间型等；方案则完全由其自身属性的水平来确定，二者的关系可以用矩阵的形式来表述；方案最后的选择和确定则完全取决于决策者给出的决策规则、各属性的相对重要性、方案中各属性达到的水平或方案之间的偏好。所以在明确决策对象后，根据目标函数制定不同的分布式电源规划方案后，其关键在于评价指标体系的确立。构建指标体系的关键在于指标集的选取及评价准则中各属性权重集的确定，即确定方案中各因素的相对重要程度。整个分布式电源规划方案评价流程如图 5-8 所示。

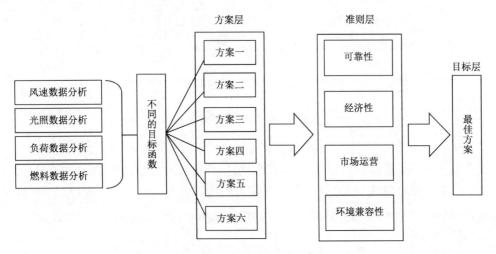

图 5-8　分布式电源规划方案评价流程

2．分布式电源规划方案评价体系的构建

根据微型电网特征可以得知：微型电网除了能最大限度地满足用户负荷需求（包括冷、热、电负荷），还具有能源利用率较高、经济效益好、环境污染少的优点。所以依据上述评价原则，由各种分布式电源构成的微型电网其评价指标体系分为可靠性、经济性、市场运营和环境兼容性四大类，对每一类各层次又分别建立了评价细则，如图 5-9 所示。

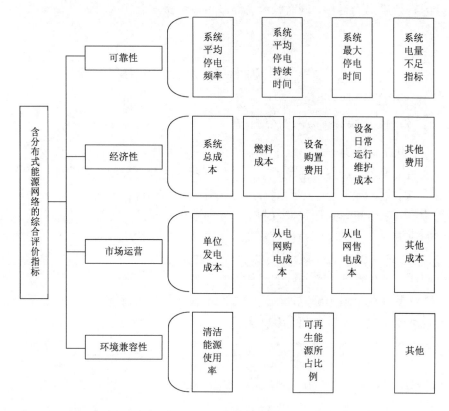

图 5-9　评价指标体系

3．考虑分布式电源的电网规划评价指标体系

鱼骨图是我们进行因果分析时经常采用的一种比较简洁直观的方法，鱼头代表我们的目标或者要解决的问题，准则层的重要指标大鱼骨分布态势展开，针对图中的大鱼骨可通过专家调研法对各准则层的指标进行分解，最后可得到指标层的各项指标，具体的分析过程如图 5-10 所示。

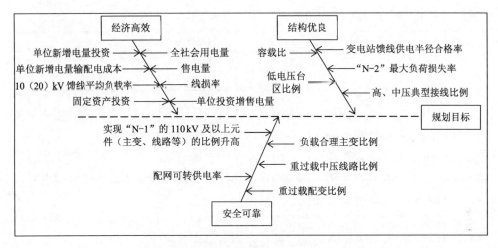

图 5-10　电网规划发展水平影响因素鱼骨图

　　根据指标层的一些基本设置原则和图 5-10 的结论，再结合分布式电源的特点最终得出的含分布式电源接入的城市配电网规划方案综合评价指标体系如表 5-3 所示。

表 5-3　电网规划评级指标体系

基准层	指标层
电网结构	"N-2" 最大负荷损失率
	容载比
	高、中压线路典型接线比例
安全可靠	实现 "N-1" 的 110kV 及以下元件比例
	重过载元件比例
	综合电压合格率
	平均停电频率
	平均停电时间
经济性	单位新增电量投资
	单位新增电量输配电成本
	单位资产售电量
	固定资产投资
	购电费
	内部收益率
	线损率
环保性	污染物排放率
	污染物环境价值标准

基准层	指标层
环保性	污染物罚款数量级
	清洁能源装机比例
	能源利用率

反映电网结构类的指标主要选取 3 组：容载比，"N-2"最大负荷损失率及高、中压线路典型接线比例。这些指标用于描述电网的结构性问题。

安全可靠类选取 5 组指标：实现"N-1"的 100 kV 及以下元件（变电站、线路）比例、重过载元件比例、综合电压合格率、平均停电频率和平均停电时间。该组指标主要结合电网安全靠性的主要考核点提出。

经济性共选取 7 组指标：购电费、固定资产投资、内部收益率、单位资产售电量、单位新增电量输配电成本、单位新增电量投资、线损率。

环保性指标共选取 5 组：污染物排放率、污染物环境价值标准、污染物罚款数量级、清洁能源装机比例、能源利用率。

第四节 本章小结

1）电网规划不应是单一、独立的，其必须与电源规划相协调进行，特别对于分布式清洁能源发电，规划方案中很重要的一点就是增加分布式发电的渗透率，提高清洁能源发电在整个电力需求中的比重。

2）本章首先提出电网规划的原则应是"以网带点"，以"加强受端系统，分散外接电源"为规划指导思想，避免过度投资等规划不合理问题，保证供电的可靠性、经济性与灵活性，促进我国电力市场健康有序发展。

3）电力系统网络上承电源，下接负荷，是连接发电侧和用户侧的纽带和桥梁。完好的电网规划只分析和计算负荷显然是不够的，它还需要与之匹配的电源。一个理想的电源规划方案需要规划区域大量数据的支撑，如地理位置条件、当地的工程地质、水文地质、气候等条件、当地资源情况、当地电源（电厂）的地理位置分布及其性质、各大电厂的装机容量及过载情况、电厂间的交通状况、当地城市规划情况（包括基础设施情况、建筑面积、防灾情况等）、当地经济条件等。

4）分析了电源接入基本方式及其对电网的影响，探究了 4 种接入方式，主要有点对网形式、打捆外送形式及混合接入形式、放射接入形式等，在电网规划中要根据具体情况考虑。同时，针对电源进出线与输电线走廊的规划使用进行了深入分析。

5）电源发展就是根据预测的负荷和经济合理的备用容量要求，遵循国家能源政策、环境保护政策和合理开发利用能源资源的原则，以提高技术经济效益和符合环境保护政策为前提，对各类电源建设方案进行优化，制定出在规定年限内全系统电源开发方案。

6）电网是连接电源与负荷的纽带，并且电源的建设受限于地理环境和资源分布情况，因此，电网规划必须与电源在规划年内的发展相匹配，围绕电源与负荷的发展制定规划策略，做到向用户可靠供电的同时，实现资源的高效利用。

7）深入分析了电网规划中的各类电源，如火力发电、风力发电、光伏发电、水力发电等发电方式与电网的协调规划问题，指出电网规划与电源规划必须协同进行。

8）针对目前的新能源接入问题提出了含分布式电源接入的配电网规划方案评价体系。

第六章　电力电量平衡

第一节　电力电量平衡的概念和目的

电力电量平衡是电力电量供应与需求之间的平衡，发电侧、供电侧、用电侧之间必须随时保持平衡，以保证供电质量符合规定的标准。电力电量平衡分为电力平衡和电量平衡两部分：电力平衡是指在任何时刻任何情况下电源侧和负荷侧之间都必须保持平衡；电量平衡是指在一段时间内电源侧和负荷侧的能量也必须保持平衡，否则电力就难以满足社会发展的需要。进行电力电量平衡的目的，是在负荷预测和电源规划的基础上，根据系统负荷要求对已建成的和正在规划、设计中的水、火等电站的容量和发电量进行合理安排，使它们在规定的设计负荷水平年中达到容量和电量的全面平衡（图 6-1）。

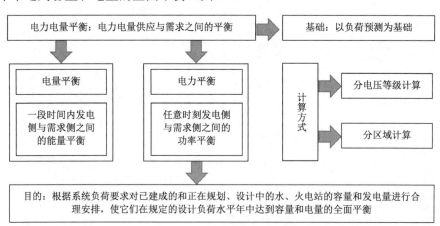

图 6-1　电力电量平衡概念图

在电力系统规划和设计阶段，应通过电力电量平衡计算确定规划设计水平年内全系统所需的装机容量、调峰容量及与外系统的送受电容量，通过系统内各供电分区的分区平衡确定电源的送电方向，可以为变电容量配置、电网构建提供依据，同时也可以应用于电源装机方案、调峰方案的制定等。

对于地区电网规划，进行电力电量平衡的目的主要是确定规划设计水平年内逐年和展望年该地区电网各电压等级所需配置的变电容量及输变电项目的投运进度，为拟定地区电网网络方案提供依据。平衡计算应分层（电压层）进行，并考虑各电压层地方电源出力及相邻地区电网送受电力。

在电力电量平衡中，我们需要分析和研究的内容如下：

1）确定电力系统需要的发电设备容量，确定规划设计年度内逐年新增的装机容量和退役机组容量；

2）确定系统需要的备用容量，研究在水、火电厂之间的分配；

3）确定系统需要的调峰容量，使之能满足设计年不同季节的系统调峰需要；

4）合理安排水、火电厂的运行方式，充分利用水电，使燃料消耗最经济，并计算系统需要的燃料消耗量；

5）确定各代表水文年各类型电厂的发电设备利用小时数，检验电量平衡；

6）确定水电厂电量的利用程度，以论证水电装机容量的合理性；

7）分析系统与系统之间、地区与地区之间的电力电量交换，为论证扩大联网及拟定网络方案提供依据。

国家相关原则已对电网规划中的电力电量平衡的深度作出了要求，根据《电力系统设计内容深度规定》（SDGJ60—88）第 5.3.1 条，电网规划设计中应编制：

1）目前到设计水平年的逐年电力电量平衡；

2）远景水平年全系统和分地区的电力电量平衡；

3）必要时还应列出分地区低谷负荷时的电力平衡。

第二节　电力平衡中的容量组成

一、电力平衡中的容量分类

在进行电力电量平衡的计算时涉及不同的容量，主要由装机容量、必需容量、工作容量和备用容量组成，下面对各种容量的概念和对电力系统的影响进行具体分析和研究。

1）装机容量指系统中各类电厂发电机组额定容量的总和。

2）必需容量指维持电力系统正常供电所必须达到的装机总容量，即工作容量和备用容量之和。

3）工作容量指发电机承担电力系统正常负荷的容量，在电力平衡计算中的工作容量是指电力系统最大负荷的工作容量。其中：

①担任基荷的发电出力就是工作容量；

②担任峰荷和腰荷的发电出力日负荷最大时刻的出力为工作容量；

③水电厂的工作容量是指按保证发电出力所能提供的发电容量，其大小与其保证出力及其在电力系统日负荷曲线上的工作位置有关。

4）备用容量指为了保证系统不间断供电、并保持在额定频率下运行而设置的装机容量。

5）重复容量是指水电厂在丰水期为充分利用水能发电，而少弃水所增设的一部分容量。这样便可以减少同期火电厂的负担，但它在枯水期又不能实现，即该容量不能作为水电厂的工作容量长期替代火电厂的出力，所以这部分容量并不参加电力平衡。

6）受阻容量是指由于设备缺陷、设备不配套、水文及河川径流变化、燃料供应不足等限制因素的影响，在计划期内不能发挥作用的发电设备容量。在计算电力系统现有实际可用容量时应该在系统现有装机容量中扣除计划期的受阻容量。

7）水电空闲容量指电力平衡中未能得到利用的那部分水电装机容量。其大小随着各水电厂工作容量的大小而变化。它可用作本厂的事故备用和检修备用，但不能作为系统的事故备用，并不参与电力平衡。

图 6-2 是电力平衡中各种容量的关系图，在图中准确描述了各种容量之间的组成关系，以及这些容量和负荷曲线之间的关系，具体如下所示。

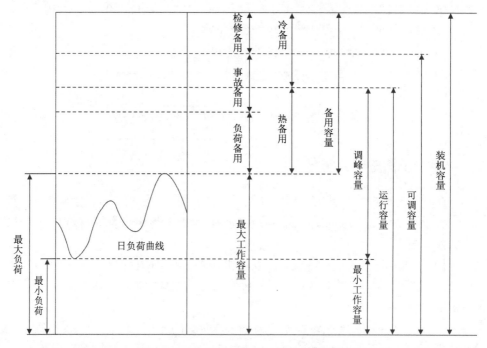

图 6-2　电力平衡中的容量组成关系图

在确定电力平衡中的装机容量时水电厂的装机容量和火电厂的装机容量应该分开来考虑，假设电力系统中的电源只有火电厂和水电厂，下面对确定水电厂和火电厂的装机容量进行分析。

（一）水电厂的装机容量

在电网规划中，水电厂的装机容量主要由工作容量、备用容量和重复容量三部分组成。

（1）水电厂的工作容量

水电厂的工作容量基本决定于它的保证出力。一般情况下，水电厂装机容量的确定，要考虑计划期水文及河川径流情况。在枯水期或枯水年进行电力平衡时，若水电厂受下游用水部门（如航运、灌溉、城市及工业用水等）的限制，则水电厂工作容量的确定，首先要从水电厂保证出力中扣除这部分强制出力，剩余的保证出力再用来决定水电厂担负的峰荷容量。

对于具有日调节以上的水电厂所担负的峰荷容量，可以根据上述剩余的保证出力所能发出的日保证电量，并利用日负荷曲线及累计曲线来求出水电厂所担任的峰荷容量。通常水电厂的强制出力加上所担负的峰荷容量，就是水电厂枯水期或枯水年的工作容量。

（2）水电厂的备用容量

水电厂备用容量有其启动和增减负荷迅速，能量损失少，补充装机费用便宜，以及丰水期可以用来发电以节约系统的燃料消耗等优点。所以水电厂宜于承担系统的事故、负荷及周波备用，但前提是需要设有部分备用库容才能实现。

但水电厂在规划设计系统中，应承担多大备用容量，则要根据系统的具体情况和水电厂本身的条件，经技术经济分析论证来确定。一般在水电比重较大的系统中，每个水电厂的备用容量就要小些，而距离负荷中心较远的水电厂，并不希望设置较大的备用容量。在实际应用中，水电厂的备用容量常用一个库容系数来近似估计。

（3）水电厂的重复容量

水库调节性能较差的水电厂，在洪水期要损失大量水能，如果装机数量足够多，就可得到许多廉价的电能，以节约系统的燃料消耗，这时对能源的节约具有重要意义。但这种利用季节性电能的方式，需要花费一定的资金和设备，其经济性主要取决于每多装一千瓦容量对系统投资的增加和燃料费用的节约所带来的经济效果如何。

需要指出的是，重复容量是指水电厂在洪水期为充分利用水能发电，为了减少弃水所增设的一部分容量。这样便可以减少同期火电厂的负担，但它在枯水期又不能实现，即该容量不能作为水电厂的工作容量长期替代火电厂的出力，因此也就不能减少火电厂的装机容量，故称为重复容量。

一般在电力系统规划设计中，确定水电厂的装机容量并不单独计算备用容量和重复容量，而是用一个容量扩大系数来估算，这个系数取值在 1.1～1.3。即确定出水电厂的工作容量后，再乘以扩大系数就是水电厂的装机容量，具体要通过水能利用及技术经济分析论证确定。

（二）火电厂的装机容量

电力系统火电厂装机容量为系统总装机容量减去水电厂装机容量和其他能源的装机容量。火电厂装机容量包括热电厂装机容量和凝汽式电厂装机容量。

其中，热电厂装机容量的确定，主要取决于热负荷的大小及其分布的均匀程度，具体通过热化系数的技术经济比较确定。因此，确定热电厂装机容量，一般先初选几个热化系数值，然后分析在满足热负荷条件下，使燃料消耗达最小的原则来估算装机容量。

凝汽式电厂装机容量的选择确定是各输煤与输电方案的技术经济比较问题，对于较大系统一般按容量-费用曲线进行估计，即绘制电厂年费用/kW 和输电年费用/km 两条曲线，然后综合研究来确定。

电力系统现有实际可用容量为系统现有装机容量扣除计划期的受阻容量和备用容量。

（三）核电厂的装机容量

核电厂有着很好的环保和节煤效益，一般连续地以额定功率运行，即带基荷运行，但是在电网需要时，它可以适度地降低出力运行并可跟踪负荷调整出力。因此在电力平衡中核电厂的装机容量一般以额定功率来确定。

（四）新能源电厂的装机容量

风电、太阳能发电及其他新能源发电由于有着极强的人工不可控性，目前在电力平衡中暂不考虑新能源出力，但是随着新能源的快速发展，新能源占电网总装机容量比例越来越大，就必须考虑新能源出力，在计算电力电量平衡时要因地制宜，根据不同地区新能源出力的不同情况来考虑电力平衡中新能源的出力。

二、备用容量的分类及确定方法

备用容量在电力平衡中有着重要的作用，备用容量按备用的作用分类可以分为负荷备用、事故备用和检修备用。

负荷备用是指为了适应负荷的瞬时变化、保证供电质量及可靠性设置的备用。由于电力系统在运行时，负荷是环绕负荷曲线剧烈而急促地波动变化着，并迫使系统周波不断变化，有时又将其分为周波备用和负载备用。为了维持电力系统的周波在规定的变化范围内，以保证供电质量，就必须设置周波备用。由于负载备用是用以满足日调度计划以外的用电增加的，负荷预测存在误差，实际负荷值往往与预期值不符，故应配置适当的负载备用容量，备用容量影响关系如图6-3所示。

事故备用是指当发电设备发生偶然事故而被迫退出运行时，为了保证电力系统正常连续供电而需设置的备用容量。

检修备用是指为了保证系统中所有发电机组都能按预定计划进行周期性检修所需设置的备用。

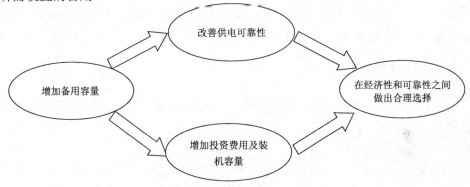

图 6-3　备用容量影响关系图

确定系统最大负荷备用容量的方法通常有两种，即经验法和概率性方法。

（1）经验法

根据系统运行经验，按系统综合的某一百分率来确定系统中各类备用的大小。根据《电力系统设计技术规程》（SDJ 161—85）规定，总备用容量不低于最大负荷功率的 20%。备用容量 C_r，按实践经验划分为三个部分。

1）负荷备用：可取系统最大负荷的 2%～5%。

2）事故备用：一般取系统最大负荷的 10%。

3）检修备用：一般取系统最大负荷的 8%～15%。

经验法简单、方便，因为它基于系统的运行经验，虽然没有计算，但它综合考虑了各种因素，其中有些因素是不便于精确计算的。因为以运行经验为基础，它也易于为运行单位接受。但是它所确定的备用值不是通过详细的分析计算，因此这个方法不够精确。

（2）概率性方法

根据元件参数和系统的概率特征，通过统计计算得到系统和各个节点的概率指标，从而对系统的可靠性有一个较为全面和客观的评估。

典型概率特征有以下 4 点。

1）机组的停运概率与该机组容量大小有关，尽管两个方案的百分备用容量相同，但不同的机组可产生完全不同的风险指标，因此一个固定的百分备用不能保证各方案有协调一致的风险度。

2）元件原始数据中固有的不确定性。由于统计子样有限，实际的元件特性数据不是一个常数，而是服从某种概率分布的随机变量。

3）负荷预测中的不确定因素。

4）备用的分配存在季节、负荷变化这些因素影响。

采用经验法的主要不足之处是没有考虑系统性能、用户功率和元件故障的概率特征。使用概率法可以更为科学和准确地反映电网实际，根据设定的可靠性判据如电力不足期望值，从发电能力、计划检修、故障停机、负荷水平及特性等诸多方面来综合判断发电供应的可靠程度，进而确定电网备用容量的预留。

三、备用容量的合理分配

在确定备用容量之后要对备用容量进行合理的分配，系统备用容量应由相应的发电厂或机组来承担，应考虑各种备用的要求及各类电厂或机组的工作特性，在电厂间进行分配。

1）负荷备用容量分配：考虑水轮发电机效率最大区间是在额定容量的 70%～90%，它的应变能力强，负载变动时调节损失小。因此，由没有满发的水电厂担任负荷备用最合适。

在分配负荷备用时应该注意以下几点。

①担任负荷备用的水电厂，其装机容量应不小于系统或调频地区最大负荷的 15%，并且存一定的调节库容作保证。

②径流式电站不能担负负荷备用。

③实际系统中负荷备用往往不是由一个电厂来担任。系统中旋转备用应进一步分散，以免事故下主干线上潮流急剧地大起大落而导致系统瓦解。

④系统应根据负荷分布、电源结构及机组特性，规定参加调频的电厂及其执行任务的程序。

2）事故备用容量分配：可以由水电厂担任，也可由火电厂担任，一般均由水、火电厂共同承担，并参照其工作容量的比例来分配。

在进行事故备用容量分配时应注意下列几点。

①调节性能良好、靠近负荷中心的水电厂应考虑担负较多的事故备用容量。

②担任事故备用容量的水电站，必须拥有相应的事故备用库容作保证。

③具有较大水库、调节性能良好的水电站可在事故后，利用加大火电出力，减少水电站工作容量的办法以弥补事故耗用的库容，事故备用库容可以适当减少。

④径流式或日调节水电站不能担负系统的事故备用。

⑤向电站分配事故备用时，必须考虑其地理位置及送电线路的输电能力。

⑥设置事故备用时，应将相当大部分的事故备用容量放在运转机组上，以旋转备用形式工作，并分布在系统内多个电厂中，以提高供电的可靠性。

3）检修备用容量分配：分配的方式非常灵活，它一般以冷备用形式存在。实际系统中火电机组的检修一般安排在夏秋季负荷低落、水电又是丰水期间，水电机组检修则安排在枯水期。当检修面积不足而专设检修备用容量时，一般是设置在火电厂内。

将备用分为负荷备用、事故备用、检修备用三种及其确定方法，主要是为了在电力规划时确定系统的合理装机容量。在运行中上述三部分备用容量不是截然分开的。系统运行中应当有一定的冷、热备用容量，这些备用既可以担负调峰调频，也可以在事故时担负负荷作为事故备用，或者在其他机组检修时投入运行作为检修备用。系统需要的总备用容量应当参照上述三种容量之和及系统的实际运行经验确定。

第三节 电力电量平衡计算

电力电量平衡的计算包括两部分，分别为电力平衡的计算和电量平衡的计算，不同的电力系统中的发电机组动力来源也各不相同，目前最常见的是水电和火电联合运行的系统，随着新能源的发展越来越快，风电和太阳能发电等新能源发电的接入比例也越来越高，在计算电力电量平衡时也需要考虑新能源的接入对电力电量平衡的影响。

在计算电力电量平衡之前要选择正确的代表水文年，代表水文年分为丰、平、枯、特枯水文年，水电占比例大的系统还应根据需要，对代表年按月编制丰、平、枯水文年的电力电量平衡、必要时还应编制丰水年和特枯水年的电力电量平衡（图 6-4）。

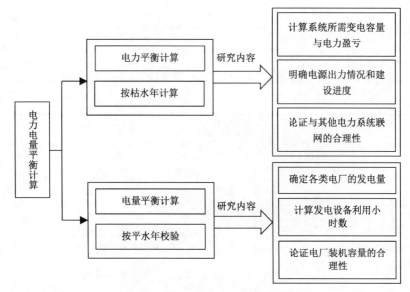

图 6-4 电力电量平衡计算示意图

一、电力电量平衡中代表水文年的选择

电力系统按发电机组动力来源的不同，可分为纯水电、纯火电，以及水、火电联合运行系统，其中以水、火电联合运行系统较为常见。

电力电量平衡中代表水文年有丰、平、枯、特枯水文年，图 6-5 为各代表水文年电力平衡示意图，分析图 6-5 可以发现，在枯水年电源总装机容量最少而在丰水年电源总装机容量最大，为了在电力系统可能遇到的最不利情况下保持系统的安全运行，含水电的电力系统一般是按枯水年进行电力平衡，而平水年的年度是水电厂最常见的年度，代表了含水电的电力系统的平均水平，所以在计算电量平衡时按照平水年来计算；水电占比例大的系统还应根据需要，对代表年按月编制丰、平、枯水文年的电力电量平衡，必要时还应编制丰水年和特枯水年的电力电量平衡，下面对水文年的概念和对电力系统的影响进行具体分析。

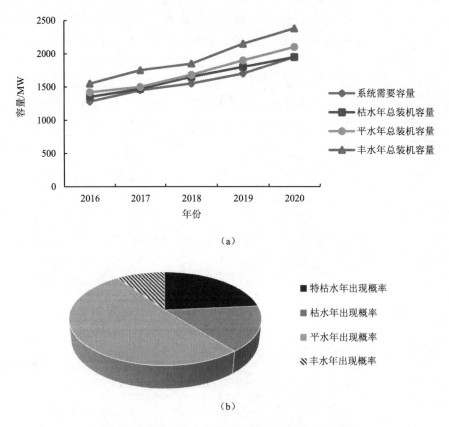

（a）

（b）

图 6-5　各代表水文年装机容量及出现概率示意图

代表性水文年是指反映河川径流量变化的代表年份，当规划系统含有水电厂时，必须合理选择代表性水文年，这样才能正确地进行电力电量平衡分析和计算。

工作保证率表示水电站正常供水的保证程度，用式（6-1）计算：

$$P = \frac{T_b}{T_z} \times 100\% \tag{6-1}$$

其中，P 为水电站工作保证率，T_b 为水电站正常运行时间，T_z 是水电站的总运行时间。式（6-1）表示在多年工作期间，水电站正常供水遭到破坏的概率。在水电站设计中，所选定的工作保证率称为设计保证率，用 P_s 表示。

在计算电力电量平衡计算时，用 4 种具有代表性水文年的电力电量平衡来概括系统全部运行情况。

1）枯水年：设计枯水年是水电厂在正常运行中可能遇到的最不利情况，它与水电厂设计保证率的水文年相对应。电力系统的电力电量平衡必须得到保证，才能满足负荷的需求。系统中各电厂的必需容量值，由此代表性水文年来确定。因此，设计枯水年的电力电量平衡是确定系统的需要装机容量及装机进度、检验各类电厂的发电设备利用小时数的依据。

2）平水年：平水年指保证率为 50%的水文年，接近平水年的年度又是最常见的年度，它代表水电厂最常出现的电力电量平衡。平水年的电力电量平衡是确定水电厂的电量利用程度，研究网络及联络线的经济性、水电厂的电气主接线、送电线路截面及系统多年平均年燃料需要量的依据。

3）丰水年：丰水年是指水电厂保证率小于 10%的水文代表年。其电力电量平衡代表水电厂满载或弃水时的运行情况，用来校核平水年确定的电厂主接线及设备和线路的送电能力和经济性。

4）特枯水年：特枯水年是指水电厂设计枯水年保证率以外的枯水年，接近于保证率等于 100%的水文年。其电力电量平衡用来检验系统的缺电情况及网络的适应性，必要时需研究解决措施。

根据《电力系统设计技术规程》（SDJ 161—85），有水电的系统一般是按枯水年进行电力平衡、按平水年进行电量平衡；水电占比例大的系统还应根据需要，对代表性水文年按月编制丰、平、枯水文年的电力电量平衡、必要时还应编制丰水年和特枯水年的电力电量平衡。

二、电力平衡代表年、月的选择

电力平衡需要逐年进行，应按逐年控制月份的最大负荷和水电厂设计枯水年的月平均处理编制。一般以每年的 12 月为代表，但还应根据水电厂逐月发电处理的变化及系统负荷的变化情况，具体分析确定。一年中也可能有 2 个月份起控制作用，应分别平衡。必要时选择代表年进行逐月电力平衡，以便找出其中起控制作用的月份，然后按该代表月进行逐年平衡。

三、电力平衡的计算

电源规划是电力平衡的前提，在计算电力平衡之前要明确以下情况。

1）新增电源种类（水电、火电、新能源发电及其他）；

2）电源的接入电压等级、装机容量、正常出力、预计发电量；

3）电源接入方案。

电力平衡是指在任何时刻应该满足发电侧的装机容量不应小于负荷的最大功率与备用容量之和，理想的情况是电力供应恰好等于电力需求，而当电力供应大于电力需求时要适当地调整运行方式，当电力供应小于电力需求时则要调整负荷分配，具体以下式来表示：

$$\sum_{j=1}^{N_H} C_{Hj} + \sum_{k=1}^{N_T} C_{Tk} + \sum_{g=1}^{N_g} C_{Fg} + \sum_{m=1}^{N_m} C_{Ym} \geqslant P_{\max} + C_r$$

其中，C_{Hj} 指第 j 个水电厂的有效容量；C_{Tk} 指第 k 个火电厂的有效容量；C_{Fg} 指第 g 个风电场厂的有效容量；C_{Ym} 指第 m 个光伏发电场的有效容量；N_H 指系统中水电厂的个数；N_T 指系统中火电厂的个数；N_g 指系统中风电场的个数；N_m 指系统中光伏发电场的个数；$P_{\max}$ 指系统最大负荷功率；C_r 指备用容量。

在计算电力平衡时，由于风电和太阳能等新能源出力的不可控性，目前在电力平衡中暂不考虑新能源出力，但是新能源发展速度较快，新能源占电网总装机容量比例较大时，就必须考虑新能源出力，不同地区的电源建设情况也不相同，因此在计算电力电量平衡时新能源出力应该分为考虑和不考虑两种情况下分析，在新能源装机比例较小时电力平衡中不考虑新能源出力，若新能源装机容量比例较大，新能源参加电力电量平衡时一般按照以下原则来进行计算。

1）小水电出力丰、枯期一般按照装机90%、10%考虑；大中型水电站丰期考虑满发，枯期按1台机组出力计入平衡。

2）风电出力波动性较大，根据国内大型风电基地出力情况资料搜集，风电在小方式下，最大出力80%出现时间很短，40%～60%出力概率较大。因此，平衡一般按照按风电装机容量的40%、60%及80%三种情况进行考虑。

3）光伏电站出力与风电相似，出力波动较大。平衡中枯大、枯小、丰大及丰小分别按装机的50%、0%、70%及0%考虑。

4）生物质能发电按照投产装机规模的一半容量参与电力电量平衡。

电力平衡示意图如图6-6所示，图中最大发电负荷等于全系统计及同时率后的用电负荷加上线损和厂用电的总和。各类电站的工作容量根据前面介绍的方法进行计算，备用容量按照规程规定不得低于最大发电负荷的20%。备用容量在水火电厂之间分配的原则是：负荷备用一般由水电承担，事故备用一般按水火电厂担负系统工作容量的比例分配，检修备用由具体情况而定。

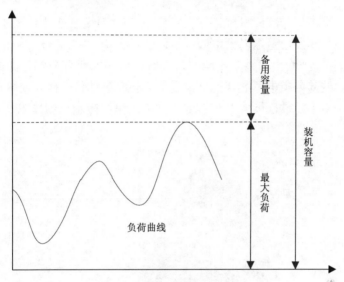

图 6-6　系统电力平衡示意图

在某些情况下，系统中控制电力平衡的月份不止一个，或者为了研究扩大电网、系统互联等问题时，需要编制某些年份的逐月电力平衡，其编制方法与逐年电力平衡是一致的，但是在计算检修容量、受阻容量等项目时，需要落实到电厂。

四、电量平衡的计算

电量平衡是指在一段时间负荷侧与电源侧之间的能量要保持平衡，以下式来表示电量平衡：

$$E_d^{(i)} = \sum_{j=1}^{N_H} E_{Hj}^{(i)} + \sum_{k=1}^{N_T} E_{Tk}^{(i)} + \sum_{g=1}^{N_g} E_{Fg}^{(i)} + \sum_{m=1}^{N_m} E_{Ym}^{(i)} \quad (i = 1, 2, \cdots, 12)$$

式中，$E_d^{(i)}$ 指第 i 月的系统负荷电量；$E_{Hj}^{(i)}$ 指第 i 月水电厂 j 的发电量；$E_{Tk}^{(i)}$ 指第 i 月火电厂 k 的发电量；$E_{Fg}^{(i)}$ 指第 i 月风电厂 g 的发电量；$E_{Ym}^{(i)}$ 指第 i 月光伏发电厂 m 的发电量。

电力系统的电量平衡中，水电厂的发电量采用平水年的电量，但必须按枯水年电量进行校验，电量平衡通常用表格形式进行计算，一般按照以下步骤进行计算。

1）根据负荷预测确定电力系统的需要发电量；

2）按枯水年及平水年计算出水电厂的年发电量，电量平衡中用平水年的电量进行平衡，用枯水年的电量进行校核；

3）将系统需要的发电量减去水电厂发电量及其他电源发电量，即为系统火电发电量；

4）根据火电厂年底装机容量和当年新增容量，计算出火电厂年平均装机容量；

5）火电厂年发电量除以火电厂年平均装机容量，即得火电厂装机利用小时数；

6）将各月平均出力乘以相应的月小时数后相加即可得到各类电厂的年发电量，并据此校验各类电厂的利用小时数，检验电量是否平衡。一般在电量平衡中火电机组利用小时数按不大于 5000 h 考虑，电量平衡示意图如图 6-7 所示。

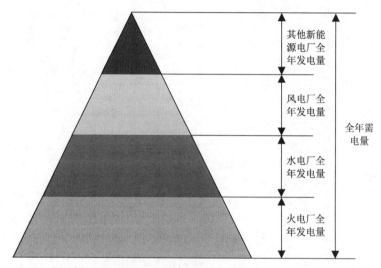

图 6-7　电量平衡示意图

在电网规划中，当通过电源方案的技术经济论证和电力平衡确定了逐年的发电容量后，为进行电力网的潮流分布及调相调压计算，制定网络方案、选择送电线路导线截面和各种电气设备及无功补偿设备等，必须确定有关年份各种水文年不同运行方式时各发电厂的功率。

五、计算原则

在计算电力电量平衡时应保持以下原则。

1）平衡时应采用网供最大负荷平衡；

2）电力平衡应选取适合的电网运行方式，首先应选取有代表性的运行方式进行电力平衡，水电站则选取平水年进行电力平衡；

3）水电利用容量在夏大、夏小、冬大、冬小方式下应结合实际情况适当选取装机容量的百分比；

4）电力平衡时不考虑电厂备用容量；

5）电力平衡中，110kV及以上火电厂装机容量应分别考虑最大装机容量和停最大一台机情况下的平衡；

6）当前电压等级的大用户负荷不应参与平衡；

7）上级电源所直供的负荷不应参与当前电压等级的电力平衡。

第四节　应用实例

本节以某地区电网规划为例，根据本章前述的计算原则及方法进行电力电量平衡计算分析。电力电量平衡的步骤如图6-8所示。

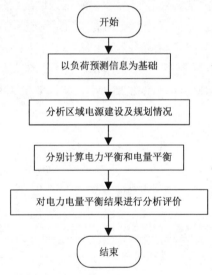

图6-8　计算电力电量平衡步骤

在实际的电网规划中我们一般使用表格法进行电力电量平衡计算，下面用某地区的电力电量平衡计算实例来对计算的具体步骤进行介绍。

1. 预测区域电网负荷

首先预测区域电网负荷，本次采用基础方案，即预计2020年该地区全社会用电量为1700亿kW·h，2020年该地区全社会最大负荷为3000万kW。预计2020年该地区统调发电量为1367亿kW·h，2020年该地区统调电网最大发电负荷为2465万kW。表6-1为该地区负荷预测结果。

表 6-1　某地区负荷预测结果

方案	统计口径	项目	2010 年（实际）	2014 年（实际）	2015 年（实际）	2016 年	2017 年	2018 年	2019 年	2020 年
基础方案	全社会	1. 用电量/（亿 kW·h）	835.4	1 174.0	1 174.2	1 218	1 290	1 381	1 495	1 700
		2.最大负荷/万 kW	1 450.0	2 022.0	2 050.0	2 149	2 300	2 462	2 666	3 000
	统调电网	1.发电量/（亿 kW·h）	815.0	989.0	947.0	989	1 048	1 127	1 223	1 367
		2.最大发电负荷/万 kW	1 321.0	1 709.7	1 611.0	1 700	1 840	1 991	2 176	2 465
低方案	全社会	1.用电量/（亿 kW·h）	835.4	1 174.0	1 174.2	1 192	1 225	1 274	1 332	1 440
		2.最大负荷/万 kW	1 450.0	2 022.0	2 050.0	2 101	2 177	2 281	2 414	2 580
	统调电网	1.发电量/（亿 kW·h）	815.0	989.0	947.0	964	996	1 042	1 089	1 158
		2.最大发电负荷/万 kW	1 321.0	1 709.7	1 611.0	1 657	1 730	1 831	1 959	2 120

2．分析区域电源建设情况

根据收集到的该地区电源建设情况及电源规划情况，截至 2015 年底，该地区全社会电源装机 5066 万 kW，其中火电装机 2681 万 kW，占比为 53%；水电装机 2056 万 kW，占比为 41%；新能源 329 万 kW，占比为 6%，其中点对网送地区外电源共计 589 万 kW。统调装机 3993 万 kW，其中火电装机 2278 万 kW，占比为 57%；水电装机 1387 万 kW，占比为 35%；新能源装机 329 万 kW，占比为 8%。具体如表 6-2 所示。

表 6-2　电源建设情况表　　　　　　　　　（单位：万 kW）

序号	电厂名称	2014 年	2015 年	2016 年	2017 年	2018 年	2019 年	2020 年
1	全社会装机	4 669	5 066	5 751	6 333	6 915	7 229	7 655
2	水电	1 954	2 056	2 076	2 096	2 116	2 130	2 130
3	火电	2 479	2 681	3 117	3 447	3 855	4 032	4 242
4	分布式能源	0	0	0	0	10	30	70
5	新能源	236	329	558	790	933	1 037	1 173
6	核电	0	0	0	0	0	0	40

3．电力平衡分析

基于上述平衡原则，根据推荐的全社会负荷水平及电源装机进度，对该地区电网进行电力电量平衡计算，计算水文年为平水年，考虑新能源出力特性不可控及投产的不确定性，该地区风电和太阳能发电容量较小，均不参与电力平衡，生物质能发电按照投产装机规模的一半容量参与电力电量平衡，垃圾发电装机容量较小，核电和气电不确定性较大，不参与电力电量平衡，具体计算结果如表 6-3 所示。

表 6-3　枯水年电力平衡计算结果　　　　　　（单位：万 kW）

年份	2016		2017		2018		2019		2020	
月份	8	12	8	12	8	12	8	12	8	12
一、系统需要容量	3 494	3 479	3 678	3 652	3 964	3 852	4 146	4 100	4 347	4 373
1. 最大负荷	1 883	2 164	2 021	2 322	2 176	2 500	2 365	2 717	2 574	2 964
2. 备用容量	518	399	564	414	695	435	688	467	680	492
3. 外送电力	1 093	917	1 093	917	1 093	917	1 093	917	1 093	917
二、参加平衡电源装机容量	4 392	4 458	4 614	4 614	4 978	4 978	5 032	5 032	5 235	5 235
1. 水电	1 667	1 667	1 687	1 687	1 707	1 707	1 721	1 721	1 721	1 721
2. 火电	2 725	2 791	2 927	2 927	3 271	3 271	3 311	3 311	3 513	3 513
三、水电利用容量	1 288	970	1 317	972	1 331	974	1 349	975	1 351	975
四、火电需要容量	2 206	2 510	2 362	2 680	2 633	2 878	2 797	3 125	2 996	3 398
五、电力盈（＋）亏（－）	518	281	565	247	637	393	514	185	518	116

从供需形势来看，由于负荷需求增速减缓，除 2020 年以外，2016～2019 年该地区装机控制月（12 月）电力盈余基本在 200 万 kW 以上，电力供应裕度处于较合理水平。

4. 电量平衡分析

根据该地区的电量预测结果和电源规划结果，对该地区电网进行电量平衡计算，计算水文年为平水年，根据上述在电量平衡中对新能源发电的分析，对该地区新能源发电量进行计算之后，风电按 1600 h、太阳能按 1000 h 的利用小时数参与电量平衡。具体结果如表 6-4 所示。

表 6-4　全社会平水年电量平衡结果表

年份	2016	2017	2018	2019	2020
一、系统需电量/(亿 kw·h)	1 808	1 898	1 998	2 128	2 268
1. 负荷/(亿 kw·h)	1 240	1 330	1 430	1 560	1 700
2. 外送/(亿 kw·h)	568	568	568	568	568
二、水电可用/亿 kw	534	540	546	551	551
1. 水电发电/亿 kw	534	540	546	551	551
（1）峰荷/亿 kw	312	314	316	318	321
（2）基荷/亿 kw	222	226	231	233	230
2. 弃水电量/(亿 kw·h)	0	0	0	0	0
三、风电发电/亿 kw	80	105	115	124	135
四、光伏发电/亿 kw	5	11	18	23	29
五、火电发电/亿 kw	1 190	1 242	1 318	1 430	1 553

年份	2016	2017	2018	2019	2020
六、电量不足/h	0	0	0	0	0
七、利用小时/h	0	0	0	0	0
1. 水电/h	3 200	3 200	3 200	3 200	3 200
2. 火电/h	4 424	4 315	4 058	4 319	4 422

根据电量平衡结果，2016 年，该地区全社会用电量为 1240 亿 kW·h，外送电力 1000 万 kW、电量 568 亿 kW·h，在考虑电源情况下，平水年全社会火电利用小时数为 4424 h，处于较为合理水平。

以上是电力电量平衡计算的应用实例，在规划中应该分区分电压等级进行电力电量平衡的计算，然后根据各分区及各电压等级的电力电量平衡计算结果进行规划的下一步工作。

第五节　评价指标体系

电力电量平衡目标是要以经济、低碳、安全的方式调度火电、水电、核电、新能源发电，通过不同时段、不同地区、不同特点的电源之间的互相配合，以有限的能源资源生产出更多的电能，实现充裕性；让新能源发电互相补偿，形成更大的有效容量，让常规的电源更加平稳地发电，降低火电的能耗，实现节能环保性；充分发挥不同电源的作用，提升其效率和效益，实现经济性；在容量短缺的时期，通过调度能够均衡各时段的缺电，避免深度缺电给全社会带来的重大损失，实现供电的有序性。因此，充裕性、节能环保性、经济性和供电有序性是电力电量平衡的主要目标。

电力电量平衡评价指标体系的建立要以能确实反映电力电量平衡某一方面情况的特征依据来构建单体指标。每个单体指标都是从不同侧面刻画电力电量平衡所具有的某种特征。根据电力电量平衡的目标要求，可将电力电量平衡特征概括4 点：充裕性、节能环保性、经济性和供电有序性，以这 4 个特性作为一级指标，可以构建电力电量平衡评价多级指标体系，具体如图 6-9 所示。

1）充裕性指标：短期电力电量平衡充裕性指标从电力和电量两个方面描述周期内平衡的裕度，包括调峰可用容量、电力充裕度、电量充裕度指标。

2）供电有序性指标：供电有序性指标描述了所辖区域内在调峰、备用与供电上电力与电量缺额的程度，为调整外购电计划、发电计划提供了重要的预警信息。

3）节能环保性指标：节能环保性指标描述了短期电力电量平衡周期内燃煤机组平均燃料消耗情况、清洁能源调用率，反映了节能环保的水平。

4）经济性指标：经济性指标描述了周期内短期电力电量平衡全网购电费用情况，指标包括总购电成本、平均购电成本。

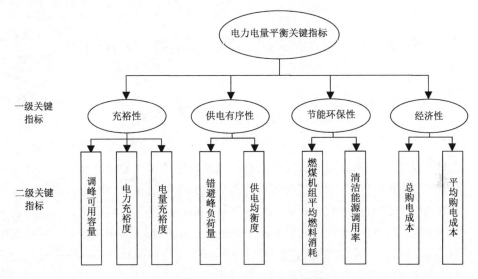

图 6-9　电力电量平衡评估关键性指标

在对电力电量平衡进行综合评估时要将电力电量平衡多个评估指标转化为一个能够反映综合情况的指标来进行评估，为电力电量平衡方案的分析提供更加直观的辅助决策，分别计算不同评价指标的权重，然后再对电力电量平衡方案进行综合评估。

第六节　本章小结

1）介绍了电力电量平衡的目的和意义，对电力电量平衡的主要研究内容进行了研究和分析，然后对电力电量平衡中主要涉及的各种容量的定义及它们之间的关系作了重点介绍，并且对备用容量的种类、确定方法及备用容量如何在电厂之间合理地分配作了具体分析。

2）对电力电量平衡的具体计算方法进行了研究，电力电量平衡应该分为两部分进行计算，分别为电力平衡和电量平衡两个部分，在计算时应该考虑新能源发电对电力电量平衡的影响，对代表性水文年的概念和在平衡分析中的作用进行阐述。

3）在本章的最后介绍了电力电量平衡计算的主要流程，并且用实例对电力电量平衡的流程及方法进行说明，在前述研究的基础上建立了电力电量平衡的评价指标体系，这对电网规划的实际工作有很大的实用价值。

第七章 电网规划的原则与网架结构论证

第一节 电网规划的基本原则

电网规划的目标是按照标准化和规范化的要求建设"安全可靠、结构合理、节能环保、经济可行"的现代化电网，建立电网发展的长效机制，实现供电企业和电网的可持续发展，同时充分满足地方的经济社会发展、城市建设对电力的需求。电网规划的目标和约束条件是多方面的、多层次的，其中有确定性描述的经济性指标，也有不确定性描述的可靠性指标，而经济性指标和可靠性指标又是多个细化指标的集合。电网规划的基本原则是在实现上述目标的同时，满足运行中的安全可靠性、近远景发展的灵活性及供电的经济合理性要求。总之，电网规划是一个极其复杂的工程问题和数学优化问题，在本质上是一个动态不确定性、非线性、多阶段、多目标整体协调优化规划问题。

一、电网可靠性

电网可靠性表现为电网的安全与质量，一方面满足电网安全供电准则，另一方面满足用户用电需求。应具有《电力系统安全稳定导则》所规定的抗干扰的能力，满足向用户安全供电的要求，防止发生灾难性的大面积停电。总结多年来电网建设的经验，为提高电网可靠性，应从宏观上明确电网建设的基本原则，并执行相关技术准则。

1）加强受端系统建设；

2）分层分区应用于发电厂接入系统的原则；

3）按不同任务区别对待联络线的建设原则；

4）按受端系统、发电厂送出、联络线等不同性质电网，分别提出不同的安全标准；

5）简化和改造超高压以下各级电网（包括城市电网）的原则。

二、电网灵活性

电网灵活性一方面指能适应电力系统的近远景发展、远景电源建设和负荷预测对可能出现的变化均能合理过渡；另一方面指能满足调度运行中可能发生的各种运行方式下潮流变化的要求，对任何原因引起的负荷需求变化和电力输出变化，电力系统都可以保证充足的电力供应。为提高电网的灵活性，电网规划过程中应满足以下准则。

1）电网发展速度与地区 GDP、全社会用电量等指标相互协调；

2）增强电网供配电能力，变电容载比、可扩建主变容量等指标均满足有关规定；

3）增强配电网联络性，中压电网联络率、变电站互供能力均满足相关技术指标要求。

三、电网经济性

电网经济性指规划方案要节约电网建设费用和运行费用，使年计算费用达到最小。为提高电网经济性，电网规划过程中应满足以下准则。

1）合理确定建设期电网的投资成本，合理确定各电压等级投资比例；

2）提高电网运行效率，变电站负载率、线路负载率等技术指标满足相关规定；

3）优化网络结构、缩短供电半径、合理选择导线截面、提高电网技术装备水平、应用节能设备等措施，降低线路损耗；

4）电网建设与环境保护协调发展。

受客观条件的限制，在某些情况下，电网规划的可靠性、灵活性及经济性三者之间相互联系、相互制约甚至相互矛盾。譬如为提高电网的可靠性和灵活性，需增加电网投资，降低了经济性，但从另一方面来讲，提高电网的可靠性虽然增加了电网的资金投入，但可靠性的提高可以带来隐含的经济效益，如停电损失的减少、运行维护费用的降低等。当可靠性投资与可靠性效益得到平衡时，从社会效益的角度，电网扩展规划达到最优。因此在复杂的电网扩展规划中，处理好经济性和可靠性的关系是一个艰巨且意义重大的课题。以城市电网、农村电网规划为例，城市电网规划的侧重点在于提高电网的可靠性，而农村电网规划中的经济性要求更高，二者在规划中应满足的原则不尽相同（图7-1）。因此，在进行电网规划时，应根据实际情况兼顾可靠性、灵活性和经济性，根据规划的目标确定规划原则。

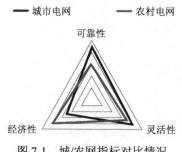

图 7-1　城/农网指标对比情况

第二节　电网规划的主要技术原则

电网规划是电力规划的重要组成部分，其任务是根据规划期间电力系统的负荷和电源增长情况，在现有电网的基础上，对主要网架进行优化规划，在保证电网安全运行前提下，最小化电网建设投资与运行费用。电网规划的原则不能一概而论，应根据不同的经济发展阶段、不同的地区、不同的电压等，以及近远期规划的目标，因时制宜、因地制宜，在满足可靠性、经济性、灵活性的基础上，配合第二章电网规划的边界条件来确定。电网规划的原则是进一步指导电网规划的重要参考，对变电站定容、选型、主接线方式选择、网架结构的确定、线路选择等具有重要意义。原则一旦确定，电网规划要严格按照原则进行，所以原则的确定既要准确也要详细，能起到指导作用。原则的确定一般以导则作为基点，根据地区具体情况确定，一般不突破导则下限，有特殊情况可适当突破上限，其逻辑关系图见图 7-2。

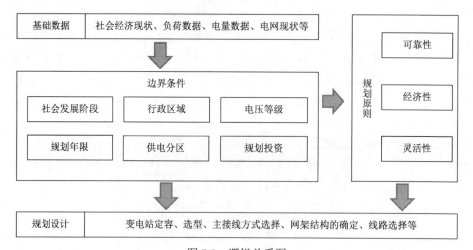

图 7-2　逻辑关系图

一、电压等级和电网结构

（一）概述

电力网络中电压等级的选择受到很多因素的限制，并且与电网的发展历史有关。电压等级的建立、演变和发展主要是随着发电量、用电量的增长（特别是单机容量的增长）及输电距离的增加而相应提高，同时还受技术水平、设计制造水平等限制。

电压等级的确定直接影响电网发展和国家建设。若选择不当，不仅影响电网结构和布局，而且影响电气设备、电力设施的设计与制造及电力系统的运行和管理。

（二）确定原则

选定的电压等级应符合国家电压标准 3 kV、6 kV、10 kV、35 kV、63 kV、110 kV、220 kV、330 kV、500 kV、750 kV、1000 kV。同一地区、同一电网内，应尽可能简化电压等级。电压等级不宜过多，以减少变电容量重复。各级电压极差不易太小，根据国内外经验，110 kV 及以下（配电电压级差）一般在 3 倍以上。

电网规划中不应选择非标准电压，选定的电压等级要能满足近期过度的可能性，同时也要适应远景系统规划发展的需要，故在确定电压等级时应了解动力资源的分布与工业布局，考虑电力负荷增长、新建电厂容量等情况。具体实施过程中应满足以下技术原则。

1）电网电压等级层次清晰，例如，超高压输电 500 kV；高压输电 220 kV；高压配电 110 kV，35 kV；中压配电 10 kV；低压配电 380 V，单相 220 V。

在上一级电压已保证足够的供电可靠性的前提下，下一级电压的网络结构可相对简化；若上一级电压达不到供电可靠性的要求时，应通过加强下一级电压的网络结构来保证达到各供电区要求的供电可靠性。

正常方式下，110 kV 及以下变电站供电范围应相对独立。相邻变电站或供电片区之间应建立适当联络，保证在事故情况下具备相互支援的能力。校核事故运行方式时，可考虑事故允许过负荷，以适当发挥设备的潜力，节省投资。

2）电网的分层分区：

①电网的 500 kV 超高压环网作为沟通各分区电网的主干网架，并与大区电网联系，接受区外来电。

②以 500 kV 枢纽变电站为核心，将 220 kV 电网划为几个区，各分区电网之间在正常方式下相对独立，在特殊方式下应考虑互相支援。

③电网内不应形成电磁环网运行。在电网发展过渡阶段，若需构成电磁环网

运行，应作相应的潮流计算和稳定校核。

3）在受端电网分层分区运行的条件下，为了控制短路电流和降低电网损耗，对电网中新建大型主力发电厂，应经技术经济论证，优先考虑以 220 kV 电压接入系统的可行性；单机容量为 600 MW 及以上机组的大型主力发电厂，经论证有必要以 500 kV 电压接入系统时，一般不采取环入 500 kV 超高压电网的方式。大型主力发电厂内不宜设 500/220 kV 联络线，避免构成电磁环网。

4）220 kV 分区电网的结构，原则上由 500 kV 变电站提供大容量的供电电源，经过 220 kV 大截面的架空线路，向 220 kV 中心变电站送电，再从中心站（500 kV 变电站或大中型发电厂）经 220 kV 大截面的电缆或架空线路，向 220 kV 终端变电站供电。

5）220 kV 联络线上不应接入分支线或 T 接变压器：对于 220 kV 终端线允许 T 接变压器，但不宜多级串供。

6）应避免 35～220 kV 变电站低压侧出现小电厂，当接入小电源时应配置保证电网安全运行的解列措施。

7）在同一个电网电压层次中，有两种电压时，应避免重复降压：要加速对现有非标准电压的升压改造，新建站不应再出现非标准电压供电。

二、供电可靠性

（一）概述

供电可靠性是指供电系统持续供电的能力，是考核供电系统电能质量的重要指标，反映了电力工业对国民经济电能需求的满足程度，已经成为衡量一个国家经济发达程度的标准之一。电力系统可靠性作为评估规划方案的主要技术指标，包括充裕度和安全度两方面内容，有确定性和概率性两种指标。充裕度主要是分析稳态情况下，系统满足用户电力需求的能力。安全度研究的是动态情况下系统的抗干扰能力。在电网扩展规划中，目前主要考虑的是充裕度方面的可靠性指标，但随着人们对电网可靠性要求的不断提高，电网规划的安全性问题越来越受到重视。由于电力事故造成的经济损失和社会影响是非常巨大的，因此，保证合理的供电可靠性是电网规划中必须考虑的一个重要问题。为了减小电网后期的运行维护所带来的经济损失，需要在项目伊始即电网规划初期保证供电可靠性，寻找一次投入与运行维护费用二者之间的最佳结合点，从而改变割裂二者关系的做法。

（二）可靠性原则

1）电网规划考虑的供电可靠性是指电网设备停运时，对用户连续供电的可靠程度，应满足下列两个目标中的要求：

①电网供电安全准则；

②满足用户用电的程度。

2）电网供电安全准则：电网的供电安全采用"N-1"准则，即

①35 kV 及以上变电站中失去任何一回进线或一台主变时，必须保证向下一级电网供电；

②10 kV 电网中任何一回架空线或电缆或一台配电变压器故障停运时，正常方式下，除故障段外不停电，不得发生电压过低和设备不允许的过负荷；计划检修方式下又发生故障停运时，允许局部停电，但应在规定时间内恢复供电；

③低压电网中当一台配电变压器或低压线路发生故障时，允许局部停电，并尽快将完好的区段在规定时间内切换至邻近电网恢复供电。

3）主变、进线回路按"N-1"准则规划设计：对于电网中特别重要的输变电环节，以及特殊要求的重要用户，可按检修方式下的"N-1"准则规划。

4）为防止全站停电，确保系统安全运行，对 220 kV 变电站的电源应力求达到双电源的要求：根据目前的实际情况，"双电源"的标准可分为以下三级。

第一级：电源来自两个发电厂或一个发电厂和一个变电站或两个变电站。电源线路为独立的两条线路（电缆），电厂、变电站进出线走廊段，允许同杆和共用通道。

第二级：电源来自同一个变电站一个半断路器的不同串或同一个变电站两条分段母线。电源线路为同杆（通道）双回路的两条线路（电缆）。

第三级：电源来自同一个变电站双母线的正、副母线。电源线路为同杆（通道）双回路的两条线路（电缆）。

现有 220 kV 变电站，尚处于第三级或第二级双电源标准的，应在规划扩建第 3 台主变压器时，逐步提高等级标准。

5）上一级变电站的可靠性应优于下一级：对于 110 kV 或 35 kV 变电站的电源进线，必须来自 220 kV 变电站的 110 kV 或 35 kV 段不同母线。

6）220 kV 变电站 110 kV 或 35 kV 侧联络线：220 kV 变电站间一般不设置 110 kV 或 35 kV 专用联络线。

对重要地区，供电可靠性有特殊要求的变电站，经论证批准后，方可设置 110 kV 或 35 kV 联络线。

7）满足用户用电的程度：电网故障造成用户停电时，对于申请提供备用电源的用户，允许停电的容量和恢复供电的目标时间。其原则是：

①两回路供电的用户，失去一回路后，应不停电；

②三回路供电的用户，失去一回路后，应不停电，再失去一回路后，应满足 50%用电；

③一回路和多回路供电的用户，电源全停时，恢复供电的目标时间为一回路

故障处理时间;

④开环网络中的用户,环网故障时需通过电网操作恢复供电的,其目标时间为操作所需时间。

考虑具体目标时间的原则是负荷越重要的用户,目标时间应越短。随着电网的改造和完善,若配备配电网自动化设施时,故障后负荷应能自动切换,目标时间可逐步缩短。

三、变电站主接线选择

发电厂、变电站是电力系统的主要组成部分,电气主接线则是发电厂、变电站的主体结构,主接线的正确、合理设计,必须综合处理各个方面的因素,经过技术、经济比较后方可确定。对电气主接线的基本要求,概括地说应包括可靠性、灵活性、经济性 3 个方面。

变电站电气主接线的可靠性可以这样定义:在组成主接线系统元件的可靠性指标已知和可靠性准则给定的条件下,按可靠性评估准则评估整个主接线系统满足电力系统电能需求能力的量度,其中这些主接线元件包括断路器、变压器、隔离开关、母线等。

变电站电气主接线的经济性可以这样定义:在保证变电站电气主接线可靠性的前提下,我们总是希望变电站的经济效益是最好的,也就是说,将变电站电气主接线的投入与产出进行综合评估,使得年均运行费用最小的即是经济性最优的。

(一)500 kV 变电站

1)500 kV 侧最终规模一般为 6～8 回进出线,4 组主变。充分考虑兼容变电站的安全可靠性与优良经济性情况下,优先采用一个半断路器接线,根据需要 500kV 主母线也可分段,主变应接入断路器串内。单组主变容量可选 750 MVA、1000 MVA、1500 MVA。

2)220 kV 侧一般设有 16～20 回出线。

3)为适应电网分层分区和提高可靠性的要求,新建 500 kV 变电站的 220 kV 母线优先考虑采用一个半断路器接线,根据需要 220 kV 主母线也可分段。

4)500 kV 变电站 220 kV 侧也可采用双母线、双分段两台分段断路器的接线。有条件时可一次建成,一期工程也可采用双母线单分段。

(二)220 kV 变电站

220 kV 变电站一般可分为中心站、中间站和终端站三大类,最终规模为 3 台主变。单台主变容量:220/110/35 kV 可选 180 MVA、240 MVA;220/35 kV 可选 120 MVA、150 MVA、180 MVA。

1）220kV 侧有如下几种情况。

①中心站：当最终规模符合具有 8～12 回进出线，可选用双母线双分段一台分段断路器的接线。

取消旁路母线的原则需同时满足以下三个条件：

a. 220kV 进出线满足"N-1"可靠性要求；

b. 主变能满足"N-1"可靠性要求；

c. 断路器一次设备质量可靠。

新建 220kV 变电站原则上应不再配置旁路母线。现有 220kV 变电站在满足上述原则的情况下，也可取消旁路母线。

对可靠性要求更高的中心站，如系统不要求两条母线解列运行，同时地理位置又许可，可考虑选用一个半断路器接线。

②中间站：220kV 中间站，通常可采用双母线或单母线分段接线。为简化接线、节约占地，应尽量减少中间站。

③终端站：可采用线路（电缆）变压器组接线，主变 220kV 侧（电缆进线）一般不设断路器，可设接地闸刀以满足检修安全的需要，并应配置可靠的远方跳闸通道。为了节省中心站 220kV 出线仓位及线路走廊（或电缆通道），220kV 终端站输变电工程可采用 T 型接线，并实现双侧电源供电。T 接主变的 220kV 侧应装设断路器或 GIS 组合电器。

2）110kV 侧可有 6～9 回出线，宜采用单母线三分段两台分段断路器的接线，并与 35kV 侧构成交叉自切。

3）35kV 侧对于 220/110/35kV 变电站 35kV 侧容量为 3×120MVA，可有 24 回出线，宜采用单母线三分段两台分段断路器的接线，并与 110kV 侧构成交叉自切。

4）220/35kV 变电站容量为 3×150～3×180MVA，35kV 侧可有 30～36 回出线，宜采用单母线六分段三台分段断路器的接线。

5）220kV 变电站的 35kV 出线允许并仓。35kV 配电装置采用 GIS 组合电器时原则上应按并仓设计。

（三）110kV 变电站

1）110kV 侧：可采用线路（电缆）变压器组接线或 T 型接线方式。电缆线路可以经负荷闸刀或隔离开关环入环出，T 接主变的 110kV 侧可设断路器。必要时可预留远景实现手拉手接线方式,最终规模为3台主变。单台主变容量可选31.5MVA、40MVA。

2）10kV 侧：容量为 3×31.5MVA 可有 30 回出线，3×40MVA 可有 36 回出线，宜采用单母线四分段。根据需要也可选用单母线六分段三台分段断路器的接线。

（四）35 kV 变电站

1）35 kV 侧：可采用线路变压器组接线或 T 型接线方式。最终规模为 3 台主变。对带有开关站性质的站可采用母线分段的接线。单台主变容量可选 10 MVA、16 MVA、20 MVA。

2）10 kV 侧：可有 24 回出线，宜采用单母线四分段。根据需要也可选用单母线六分段三台分段断路器的接线。

四、短路电流控制

（一）概述

经济的高速发展使电力需求以空前速度增长，电源建设向着电厂布局集中化、单机大容量化方向发展，本来电源布局应以负荷分布而定，避免过分集中，但目前由于一次能源供应和运输的限制、环境保护要求的提高、电厂用地的困难，出现了发电厂发电机组增加、发电厂集中建设成为电站群的现象，此外，热效率高的大容量发电机组也成为电源开发的主流，均给电厂带来了附近短路电流水平的迅速增长。此外，用电需求的快速增长，电源大规模集中建设开发，带来 500 kV、220 kV 变电所及输电线路数量急剧膨胀，电网网架规模增长迅速，电网联系紧密，环网增多。密集的 500 kV、220 kV 网络使得电网电气距离缩短，系统阻抗逐年减小、系统短路电流逐年加大。

（二）短路电流控制原则

目前，省会城市和沿海大城市基本上建成了 220 kV 超高压外环网或从环网，一批 220 kV 或 110 kV 高压变电所深入市区，大大增强了市区电网的供电能力。由于城市电网的发展，各级电压的短路容量不断增大，不少城市电网已出现短路容量超过断路器开断能力的现象，这是很危险的。根据目前我国的设备制造水平，各级电压电网的最大短路电流不应超过表 7-1 的数值。

表 7-1　系统变电站内母线的短路水平

电压等级/kV	短路电流/kA
500	50（远景不大于 63）
220	50
110	25
35	25
10	16

1）对于 110~500kV 电网，不但要核算三相短路电流值，当故障点 $x_{0\Sigma} < x_{1\Sigma}$ 时，还要计算单相接地短路电流值。在规划、设计和运行中应采取措施控制上述短路电流值的条件下，电网可以使用自耦变压器。

2）对于 110kV 及以上电力电缆的金属屏蔽层或护层，承受上述单相短路电流值的持续时间应不小于 0.2s。

3）中压电网的短路容量应该从网络结构、电压等级、变压器容量、阻抗选择和运行方式等方面进行控制，使各级电压断路器的开断电流与相关设备的动、热稳定电流相配合。

4）在保证可靠性的前提下，选择合适的网络结构，应在技术经济合理的基础上，合理控制电网的短路容量。限制短路电流的主要技术措施包括以下几点。

①电网分层分区运行；

②电压等级协调发展，电源分散接入电网；

③多母线分列运行或母线分段运行；

④采用直流送电技术（背靠背）；

⑤高阻抗设备的采用；

⑥限流电抗器的采用；

⑦变压器经小电抗接地；

⑧故障电流限流器；

⑨采用微机保护及综合自动化装置。

5）应加强变电站近区线路设施的技术防护手段，减少其短路对主变的冲击。主要技术措施有以下几点。

①选用合适容量的变压器、高阻抗变压器或分裂绕组变压器等；

②节能变压器低压侧装母线电抗器等。

6）含发电厂的城市电网，把发电机直接接到负荷中心，减少网中潮流。

7）城市电网最高一级电压母线的短路电流在不超过上述规定值的基础上，应维持一定的短路电流，以减小受端系统的电源阻抗，即使系统发生振荡，也能维持各级电压不过低，高一级电压不致发生过大的波动。为此，如受端系统缺乏直接接入城市电网最高一级电压的主力电厂，经技术经济论证，可装设适当容量的大型调相机。

五、供电区分类原则

（一）概述

供电区域划分直接影响着电网的建设标准，是差异化电网规划和典型供电模式的基础。我国幅员辽阔，供电面积广大，各地经济社会发展情况和电网特点差异明显。若按照统一的标准建设电网，会造成设备资产利用率不高甚至严重浪费的情况，在技术、经济上不合理。因此，为了体现地区差异性和电网精益化管理，提高电网规划工作的效率和水平，应始终贯穿"差异化规划"理念，在考虑各地区经济社会发展呈现非均衡性的情况下，结合各地区电网现状及发展趋势，兼顾不同地区不同发展阶段的差异化特征，对我国电网供电区域进行划分，为差异化的电网规划及典型供电模式的建立奠定基础。

（二）区域划分原则

为使供电区域划分更加经济、合理，需充分考虑影响供电区域划分的相关因素。

1）政治方面。行政级别是国家为实行分级管理而划分并设立相应国家机关的区域，是区域的重要特征，应作为区域划分的主要依据之一。

2）经济方面。指区域的经济、社会发展水平，主要指标包括人均国内生产总值（人均 GDP）、人均用电量、人均生活用电量、单位 GDP 电耗。人均 GDP 是重要的宏观经济指标之一，是人们了解和把握一个国家或地区的宏观经济运行状况的有效工具。人均用电量能反映区域的产业特点，但不能反映可靠性需求，与技术标准关联度不高；而人均生活用电量能反映人民的生活水平。单位 GDP 电耗反映了工业结构和经济增长方式，通过加大产业结构调整步伐，大力发展节能、降耗、减污、增效的高新技术产业和先进制造业，对能源资源消耗量大的重化工业通过循环再生技术提高资源利用效率，用清洁生产技术改造传统产业，按市场化原则淘汰高能耗、重污染、低效率的产业，会使单位 GDP 电耗降低。

3）负荷方面。主要包括区域的负荷密度、负荷性质和负荷重要性 3 个指标。负荷密度是表征负荷分布密集程度的量化参数，在一定程度上决定了电压序列、变压器容量和台数、线路导线截面的选取，并且易于获取。所以，负荷密度与技术标准关联度很强。负荷按性质划分，可以分为工业负荷、商业负荷、居民负荷和非居负荷；按重要性划分，可以分为一级负荷、二级负荷和三级负荷。负荷等级不同、负荷性质不同，对供电可靠性的要求不同。

各指标之间具有一定的相关性，比如，供电区域的行政级别越高，其经济发展水平、负荷密度和重要用户所占比例一般相对较高。此外，经济和负荷指标受负荷性质影响较大，若供电区域以工商业负荷为主，则年人均 GDP、年人均社会用电量、单位 GDP 电耗和负荷密度相对较高，但年人均生活用电量可能相对较低；若负荷以居民和行政办公为主，则年人均 GDP 等相对较低，但年人均生活用电量可能相对较高。

六、用户接入

（一）用户接入容量范围和供电电压（表 7-2）

表 7-2　用户接入容量和供电电压

序号	接入容量范围	供电电压
1	用户设备总容量 100 kW 及以下或变压器总容量 50 kVA 及以下	380V/220 V
2	变压器总容量 50~80 kVA	10 kV

注：供电半径较长、负荷较大的用户，当电压质量不满足要求时，应采用高一级电压供电

（二）用户的分类

（1）重要用户

1）重要用户的供电电源应满足《供配电系统设计规范》（GB 50052—2009）规定。

2）重要用户应根据供电可靠性要求和中断供电危害程度配置两路或多路电源，并配置独立于公网的自备应急电源。自备应急电源与正常供电电源间必须有可靠的闭锁装置，防止向电网反送电。

3）重要用户的两路或多路电源宜取自两座或多座变电站，如电源取自同一变电站，原则上应同时满足以下条件：

①在任何方式下，两路或多路电源应取自不同段母线。

②该站应至少具备两路电源进线（含来自高一级电压的不同降压变压器）。

③重要用户的两路或多路供电线路（含用户界内）不宜同路径敷设或同杆架设。

4）对于省会城市和副省级城市的大型航空机场等重要用户，应至少由两路来自不同变电站且分别架设的线路向其供电，并且向变电站供电的线路应来自不同方向的更高一级变电站。对于省会城市和副省级城市的大型标志性重要场馆（所）等重要用户，应保证两路以上供电线路中至少有一路为专线，供电电源逐步过渡为来自不同变电站的供电方式。

5）重要用户的不同电源进线之间原则不应安装母联开关。重要用户确需装设母联开关时，必须同时安装可靠的闭锁装置。

6）双电源、多电源和自备应急电源应与供用电工程同步设计、同步建设、同步投运、同步管理。

（2）特殊用户

1）用户因畸变负荷、冲击负荷、波动负荷和不对称负荷对公用电网造成污染的，应提交有关评估报告，并按照"谁污染、谁治理"和"同步设计、同步施工、

同步投运、同步达标"的原则进行治理。

2）电压敏感负荷用户应自行装设电能质量补偿装置。

（3）高层建筑用户

1）高层建筑用户、一级负荷应采取两路电源供电，同时应配置自备应急电源。

2）设置在高层建筑物内的配电室必须采用干式变压器和无油断路器。

（三）用户接入系统管理

（1）负荷分级、明确接入方式

根据用户对供电可靠性的要求及中断供电造成的不同的损失危害或影响程度，明确用户负荷的分级。

根据用户企业规模情况及接入系统后具体生产情况，综合考虑用户的用电设备总容量，并结合企业负载特性，对用户的报装容量进行复核，确定用户的申请报装容量。

根据用户的报装容量，明确用户的供电电压等级，按照国家电网公司业扩供电方案编制导则及其他相关标准规定，确定用户供电电压等级的一般原则为：报装容量在 50～10000 kVA 范围内的用户，供电电压等级 10 kV；报装容量在 5000～40000 kVA 范围内的用户，供电电压等级可以确定为 35 kV。用户供电电压等级的选择，还需结合用户负荷分级、用电设备特性、供电距离、企业远景规划、区域电网现状等因素综合考虑后决定。

根据用户所在位置，综合考虑以上因素，明确用户的接入方式对 10 kV 普通用户，报装容量在 2000 kVA 以下的，可以接入公用线路；报装容量在 2000～4000 kVA 范围内的，可以由两三个用户接入一条专线供电；报装容量 4000 kVA 以上的，考虑变电站新出专线供电。

对 35 kV 普通用户，报装容量在 20000 kVA 以下的，可以考虑两到三个用户接入一条专线供电；报装容量在 20000 kVA 以上的，用户报装负荷较大时，一般可考虑通过 110 kV 电压等级接入系统，或通过多条 10 kV 线路分列运行接入系统。

对用户的重要负荷，另一路供电电源一般考虑通过 10 kV 公用线路接入。

（2）现场勘查，初步确定用户系统接入点

为了科学、合理地做好现场勘查，初步确定用户的系统接入点，需要重点考虑以下几方面的内容。

一是要保证电网供电区域划分清晰，不交错重叠。目前供电分区划分一般依据行政区域界限，主要以道路、河流、山等为界，区域划分清楚明显，依据上一级电源点的分布，考虑用户接入后，各供电分区应保持相对独立。

二是要就近选择电源点，满足电网供电距离要求，尽量避免或减少迂回供电近电远送现象。用户接入后，要保证整条线路供电半径等指标依然满足标准要求。

三是用户接入系统所需新建的线路通道要与区域总体建设规划结合。根据初步选定的系统接入点到用户变电站的线路通道要与道路河道相协调，满足相关规程安全距离要求，并符合市政发展建设规划。

以上主要是针对 10 kV 用户的用电接入。对 35 kV 用户，由于报装负荷较大，主要考虑事项为预选定的用户线路路径要与区域市政规划道路建设相结合。

（3）方案审查，负载测算，确定接入系统方案

用户接入系统方案的审查，主要是从以下两方面进行分析论证。

1）做好技术论证，避免重复建设；

2）做好负荷预测，严格负载管控。

七、无功补偿

（一）概述

电网中的电力负荷如电动机、变压器等，大部分属于感性负荷，在运行过程中需向这些设备提供相应的无功功率。在电网中安装并联电容器等无功补偿设备以后，可以提供感性负载所消耗的无功功率，减少了电网电源向感性负荷提供由线路输送的无功功率，由于减少了无功功率在电网中的流动，所以可以降低线路和变压器因输送无功功率造成的电能损耗，这就是无功补偿。

电力系统的无功补偿与无功平衡，是保证电压质量的基本条件，对保证电力系统的安定与经济运行起着重要作用。为此，要求对电网作无功电源规划，合理地安排无功电源，用优化方法选择合适的目标函数和控制手段，制定无功补偿方案。

（二）补偿原则

1）按电压原则进行补偿：并联电容补偿的最基本要求是在满足负荷对无功电力的基本需要，使电压运行在规定的范围内前提下，保证电力系统运行安全和可靠。

2）按经济原则进行补偿：在电力系统无功补偿设备充裕，电网运行管理水平较好的情况下，并联无功补偿应按减少电网有功损耗和年费最小的经济原则进行补偿和配置，即就地分区分层平衡。

3）无功补偿优化：无功补偿优化是电力系统安全经济运行研究的一个重要组成部分，通过对电力系统无功电源的合理配置和对无功负荷的最佳补偿，不仅可以维持电压水平和提高系统运行的稳定性，而且可以降低有功网损和无功网损，

使电力系统能够安全经济运行。

电网规划工作中，应根据实际导则要求，分电压等级因地制宜地确定无功补偿方案，例如：

1）按照《国家电网公司企业标准——城市电网技术导则》（Q/GDW 370—2009）的要求，无功补偿应根据分层分区、就地平衡和便于调整电压的原则进行配置。可采用分散和集中补偿相结合的方式；分散安装在用电端的无功补偿装置主要用于提高功率因素、降低线路损耗；集中安装在变电站内的无功补偿装置有利于稳定电压水平。

2）依据《城市电力网规划设计导则》（能源电[1993]228 号）中的标准，无功补偿设施应便于投切，装设在变电所和大用户处的电容器应能自动投切。

3）10 kV 配电变压器（含配电室、箱式变电站、柱上变压器）及 35/0.4 kV 配电室安装无功自动补偿装置时，应符合下列规定。

①在低压侧母线上装设，容量按变压器容量 20%～40%考虑；

②以电压为约束条件，根据无功需量进行分组自动投切；

③宜采用交流接触器-晶闸管复合投切方式；

④合理选择配电变压器分接头，避免电压过高电容器无法投入运行。

4）在供电距离远、功率因数低的 10 kV 架空线路上可适当安装并联补偿电容器，其容量（包括用户）一般按线路上配电变压器总容量的 7%～10%配置（或经计算确定），但不应在低谷负荷时向系统倒送无功。

八、中性点运行方式

（一）概述

电力系统的中性点是指发动机或变压器的中性点。电力系统中性点运行方式的选择是一个涉及电力系统许多方面的综合性的技术课题，应该因地制宜，因时而异。选择时应考虑电力系统运行的可靠性、安全性、经济性及对通信信号系统的干扰等多方面因素。

电力系统中性点接地方式有两大类：一类是中性点直接接地或经过低阻抗接地，称为大接地系统；另一类是中性点不接地，消弧线圈或高阻抗接地，称为小接地系统。其中采用最广泛的是中性点不接地、中性点经过消弧线圈接地和中性点直接接地 3 种方式。

（二）确定原则

1）电力系统中性点运行方式的选择，应综合考虑多方面的因素。目前我国电力系统中性点运行方式大体有如下几种。

①380 V/220 V 的低压电网以直接接地的运行方式为最佳的运行方式。

②对于 6～10 kV 系统，因为设备绝缘水平按线电压考虑，采用何种接地方式对于设备造价影响不大，为了提高供电可靠性，一般均采用中性点不接地或经消弧线圈接地的方式。

③对于 20～60 kV 的系统，一般一相接地时的电容电流不大，网络复杂程度不大，提高或降低设备绝缘水平对于造价影响不是很显著，所以一般均采用中性点经消弧线圈的接地方式。

④对于 110 kV 及以上的系统，主要考虑降低设备绝缘水平，降低线路投资，一般均采用中性点直接接地的方式，并配置相应的零序保护装置等一系列措施，以提高供电可靠性。

2）对于中压中性点不接地系统，在发生单相接地故障时，若单相接地电流在 10 A 以上，宜采用经消弧线圈接地方式。

3）对于中压中性点经消弧线圈接地或不接地系统，当单相接地故障电流达到 150 A 以上的水平时，宜采用低电阻接地方式。

4）对于中压中性点经低电阻接地系统，在发生单相接地故障时，接地电流宜控制在 10 kV 电网为 150～500 A 范围内，在 35 kV 电网为 1000 A 内，应考虑跳闸停运因素，并注意与重合闸配合。

5）以电缆为主和架空线混合型网络的中压电网，如采用中性点经低电阻接地方式，应考虑以下几个方面因素。

①单相接地时线路应考虑跳闸，为了保证供电可靠性要求，应考虑架空线路绝缘化程度，以及负荷转移问题。

②单相接地时的跨步电压和接触电压应限制在允许范围之内，超过范围时应采取相应措施。

③单相接地时的线路的继电保护应有足够的灵敏度和选择性。

6）中性点经低电阻接地的系统与经消弧线圈或不接地的系统，应避免或减少互带负荷。预期中性点不接地或经消弧线圈接地的系统将改造为经低电阻接地的地区，应预先考虑零序电流互感器及继电保护装置功能。

7）同一区域内宜统一中性点接地方式，以利于负荷转供；中性点接地方式不同的电网应尽量避免互带负荷。

九、节能环保

1）电网规划应坚持建设"资源节约型""环境友好型"电网的原则。

2）电网规划设计时，应在噪声、工频电场、磁场、高频电磁波和通信干扰等多方面满足国家相关标准和技术要求。

3）在进行电网规划时，应加大执行节能环保政策的力度，选用新型节能配电变压器，合理配置无功功率补偿装置。

4）推广采用高可靠性、小型化设备，建设与环境相协调的节约型变电站。优化变电布点和电网结构，减少在电网中的损耗，主要有以下措施。

①对电网进行升压，简化电压等级；

②变电站深入负荷中心，降低供电半径；

③避免迂回供电，避免重复降压；

④采用节能型变压器及其他节能设备及辅助材料；

⑤导线选择按满足经济电流密度来选择导线截面。例如，配电网中，在不同最大负荷年利用小时数下，各导线型号的经济电流密度和导线经济输送容量见表7-3；

⑥优化变电站布置，尽量节省占地；

⑦考虑当地的自然气候优势，主控室和其他房间在设计时均考虑采用自然通风，可以达到环保经济节能的目的。

5）推广采用大截面、大容量、同杆并架线路，节约线路走廊。采用节能型线路金具，淘汰高能耗线路金具。

表7-3　导线经济电流密度和相应导线经济输送容量　　（单位：MVA）

参数 导线截面/mm²	3000h 以下				3000～5000h				5000h 以上			
	1.65 A				1.15 A				0.9 A			
	110kV	35kV	10kV	0.38kV	110kV	35kV	10kV	0.38kV	110kV	35kV	10kV	0.38kV
240	75.4	24	6.9	0.262	52.6	16.7	4.8	0.182	41.2	13.1	3.7	0.141
185	58.2	18.5	5.3	0.201	40.5	12.9	3.7	0.141	31.7	10.1	2.9	0.110
150	47.2	15	4.3	0.163	32.9	10.5	3	0.114	25.7	8.2	2.3	0.087
120	37.2	12	3.4	0.129	26.3	8.4	2.4	0.091	20.6	6.5	1.9	0.072
95	29.9	95	2.7	0.103	20.8	6.6	1.9	0.072	16.3	5.2	1.5	0.057
70	—	—	20	0.076	—	4.9	1.4	0.053	—	3.8	1.1	0.042
50	—	—	14.3	0.054	—	—	1	0.038	—	—	0.8	0.030
35	—	—	1	0.038	—	—	0.7	0.027	—	—	0.5	0.019

第三节　网架结构论证

一、规划网架的基本准则

电网结构对电力系统运行的经济性、可靠性及调度控制的灵活性均有很大的影响，在进行电网的网架结构规划时，应满足电力系统经济性、可靠性与灵活性等各方面的基本要求。

1）具有高经济性。高经济性是进行电网建设的最根本要求，但在评估经济性时，不能仅把电网建设的初期投资作为唯一的考核指标，要以电网发展建设的总体效益来衡量，这点目前已达成共识。本书把用户的停电损失也计算在内，即把可靠性作为论证计算的目标之一。

2）提高电网整体供电能力。规划电网应具有充足的供电能力，以满足用户需求不断增长的要求，尤其是经济发展迅速的城市和地区，对电网供电能力要予以特别重视。

3）提高电能质量和供电可靠性，保证电网安全运行。这是适应电力市场发展的要求，保证在灵活机制下的高竞争力。

4）要有较大的灵活性和适应性。在电网规划设计中，要求规划网架结构具有足够的弹性，包括有足够的设备容量，在各种可能出现的运行方式下的应变能力。在制定各阶段网架方案时要考虑前后阶段之间的相关性，即发展过程中的过渡方案。

二、网架结构规划的数学方法

在确定变电站和开闭所的选址和容量大小后，就应该确定网架的连接方案。在满足用户用电、保证电能的前提下，存在各种不同的架线方案，如不同的线路数、不同的导线截面及是否采用双回线等。网架结构规划的目标就是将各种方案进行综合评议并选出最佳方案。通常选用综合费用最小作为评估标准，因此，网架结构规划的目标是在满足各种约束条件的前提下，综合费用最小，这是一个最小化优化问题。综合费用包括投资费用（$invest$）和运行费用，运行费用又包括各条线路的电能损失费用（$loss$）和折旧维护费用（$maintance$）。因此网架结构规划的目标函数如式（7-1）所示：

$$\min F = invest + loss + maintance \tag{7-1}$$

因为规划网架论证只考虑网络架线的建设，所以不用考虑扩容的问题，只需要在规划前进行负荷预测时，考虑该地区负荷的增长速度，使规划结果能满足未来十几年的负荷增长需求就可以了。进行电网的网架结构规划时，还应考虑可靠性的约束，可将可靠性约束条件通过模式转换使之成为目标函数的一项。

具体措施是：对规划电网的可靠性进行经济评估，把以用户停电损失评估的可靠性分析纳入总的规划模型中。这样不仅适应了当前提高可靠性的趋势，还简化了配网建设的规划模型。由此可见，因为考虑了可靠性因素，目标函数中包括了停电损失，如式（7-2）所示：

$$\min F = T + R + E \tag{7-2}$$

式中，F 为网络建设的综合费用；T 为网络建设的投资费用；R 为总的运行费用；E 为表示可靠性的用户停电损失。

（一）线路建设投资费用目标函数

总的线路建设投资费用 T 是指项目前期工程到工程建成投产后的建设及购置设备所付出的全部资金。本书只对网架结构进行论证，故只计算线路投资。设线路 j 的长度为 l_j，单位长度综合投资为 a_j，则其投资 T_j 为

$$T_j = a_j l_j \tag{7-3}$$

线路的总投资为

$$T = \sum_{j=1}^{N_i} T_j = \sum_{j=1}^{N_i} a_j l_j \tag{7-4}$$

式中，N_i 为线路的总条数。

（二）运行费用目标函数

运行费用 R 指电网在运行中所发生的费用，包括维修费 M、折旧费 Z、电能损耗费 S 等，如式（7-5）所示：

$$R = S + M + Z \tag{7-5}$$

第 j 条线路的折旧维护费用的计算式如下：

$$M_j + Z_j = H_j T_j = H_j l_j a_j \tag{7-6}$$

式中，H_j 为维修费、折旧费等占投资的比例。

第 j 条线路的电能损耗费的计算式如下：

$$S_j = C_0 \tau P_{jloss} \tag{7-7}$$

由于

$$P_{jloss} = R_j I_j^2 \tag{7-8}$$

$$I_j = \frac{P_j}{U_N \psi_j} \tag{7-9}$$

所以

$$S_j = C_0 \tau P_{jloss} = \frac{C_0 \tau r_j l_j}{U_N^2 \psi_j^2} P_j^2 \tag{7-10}$$

式中，C_0 为电能损耗电价；τ 为最大负荷损耗小时；P_{jloss} 为第 j 条线路上的有功损耗；r_j 为导线单位长度电阻；P_j 为线路上流过的有功功率；U_N 为线路的额定电压；ψ_j^2 为负荷功率因素的平方。

（三）表示可靠性的用户停电损失目标函数

E 代表了由于可靠性不高造成停电给用户带来的经济损失，包括直接经济损失与间接经济损失。

$$E = \sum_{i=1}^{N_p} E_i = \sum_{i=1}^{N_p} L_i \sum_{j=1}^{N_i} p_{ij} Y_{ij} \qquad (7-11)$$

其中，N_p 为系统中负荷点的总数目；L_i 为负荷点 i 的平均负荷值；p_{ij} 为第 j 条线路发生故障引起负荷点 i 停电的故障率；Y_{ij} 为根据负荷点 i 的用户负荷类型及平均停电持续时间。

目标函数确定以后，就可以对优化问题进行建模，将该优化问题转化为能够直接求解的数学模型。

三、网架结构规划的实用方法

上述模型的求解是含多目标的优化问题，是理想化的模型，很难求得具备应用价值的最优解，因此在实际规划工作中，网架结构通常是在上述模型的基础上，配合技术人员的经验确定的，具体实现过程分成方案形成和方案校验两个阶段。

（一）方案形成

方案形成阶段的任务是根据输电容量和输电距离，拟定几个可比的网络方案。实际规划过程中，方案的拟定一般由技术人员根据经验完成，具体实现包括以下几个方面。

1）确定送电距离。根据相关地形图乘以曲折系数 1.1~1.5（经验数字，各地区可根据地形复杂程度看情况选用）得到估算距离。亦可参考同路径已运行线路实际长度，或者选取送电线路可行性研究后的设计长度。

2）确定送电容量。将待规划的电网分成若干区域（行政区或供电区），在每个区域内根据其负荷与装机容量进行电力电量平衡，观察各区内电量余缺，从而确定各地区间的送电量。

3）确定网络连接方式。结合送电线路输电能力、以往类似工程实例及规划者的经验，拟出几个待选的网络连接方式。

由于现代电力网络的结构越来越复杂，所以规划时没有标准模式可套用，一般应根据其规划年份内的负荷分布、数量大小、用电特性及其供电距离等进行考虑。

（二）方案校验

方案校验阶段的任务是对已形成的方案进行技术经济比较，其中包括电力系统潮流计算、稳定计算、短路电流及技术经济比较等。在进行网络方案检验的同时，应根据校验得到的信息，增加或修改原有的网络方案。

1）潮流计算分析：主要观察各方案是否满足正常与事故运行方式下送电能力的需要。

2）暂态稳定计算：检验各方案是否满足在《电力系统设计技术规程》中所规定的关于电网结构设计的稳定标准下保持稳定。

3）短路电流计算：短路电流计算的主要目的是确定各水平年的网络短路容量能否被网络中所有断路器所承受，提出今后发展新型断路器的额定断流容量，以及研究限制系统短路电流水平的措施（包括提高变压器中性点绝缘水平）。

系统规划应按远景水平年计算短路电流，选择新增断路器时应按投运后10年左右的系统发展容量进行计算，对现有断路器进行更换时还应按过渡年计算。

系统规划中应计算三相和单相短路电流，如单相短路电流大于三相时，更应研究电网的接地方式及接地点的多少等。

当短路电流水平过大需要大量更换现有断路器时，首先应研究限制短路电流的措施。

4）经济比较：经济比较是选择电网方案的重要因素，但不是唯一的决定因素。

（三）网架结构确定流程

综上分析，网架结构的实用性规划步骤如下（图7-3）。

1）确定负荷水平及电源安排；

2）进行电力电量平衡以明确输电线路的送电容量及送电方向；

3）核定送电距离；

4）拟定电网方案；

5）进行必要的电气计算；

6）进行技术经济比较；

7）综合分析，提出推荐方案。

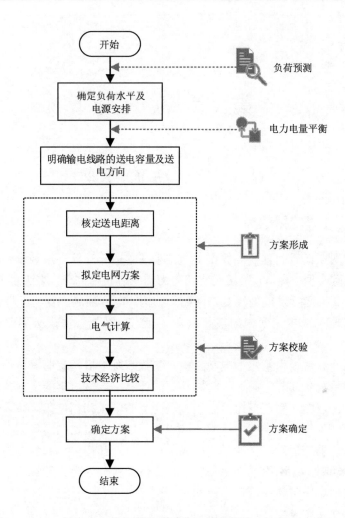

图 7-3 网架结构实用性规划流程图

第八章 电气计算

第一节 潮流计算

一、潮流计算的目的

电网规划设计的主要任务在于通过系统的潮流计算，规划设计出电网规划建设期的电网类型、容量、等级及支路电力需求侧负荷需求，来满足电网安全可靠、节能经济高效运行发展的优良电网拓扑结构。电网潮流计算、短路计算和 N-1 计算作为智能电网规划研究的重要内容，其为电网规划提供必不可少的技术支持信息。

潮流计算是根据给定的电网结构、参数和发电机、负荷等元件的运行条件，确定电力系统各部分稳态运行状态参数的计算。通常给定的运行条件有系统中各电源和负荷点的功率、枢纽点电压、平衡点的电压和相位角。待求的运行状态参量包括电网各母线节点的电压幅值和相角，以及各支路的功率分布、网络的功率损耗等。待求的运行状态参量包括各节点电压及其相位角和各支路（元件）通过的电流（功率）、网络的功率损耗等。潮流计算分为离线计算和在线计算两种方式，计算主要用于系统规划设计和系统运行方式安排，在线计算用于运行中电力系统的监视和实时控制。

潮流计算是电力系统非常重要的分析计算，用以研究系统规划和运行中提出的各种问题。对规划中的电力系统，通过潮流计算可以检验所提出的电力系统规划方案能否满足各种运行方式的要求；通过潮流计算还可以预知各种负荷变化和网络结构的改变会不会危及系统的安全，系统中所有母线的电压是否在允许的范围以内，系统中各种元件（线路、变压器等）是否会出现过负荷，以及可能出现过负荷时应采取哪些预防措施，等等。

二、潮流计算的软件方法

潮流计算是电力系统分析最基本的计算。除它自身的重要作用之外，目前最具有代表性的计算软件是电力系统分析综合程序（PSASP）和中国电力科学研究院研制的 PSD-BPA，这两套软件的内容都包括网损计算、静态安全分析、暂态稳定计算、小干扰静态稳定计算、短路计算、静态和动态等值计算等内容。相比之下，PSD-BPA 在操作上更方便，在内容上比 PSASP 更完善，其内容也在不断更新和丰富中，但二者的计算原理基本一致。本节潮流介绍中，主要以这两款软件的计算内容或设置方式来考虑。具体潮流计算的操作过程可参见相关的说明书。

潮流计算在数学上可归结为求解非线性方程组，其数学模型如下。

描述电网潮流的非线性方程组为

$$F(X) = 0 \qquad\qquad (8-1)$$

其中，$F = (f_1, f_2, \cdots, f_n)$；$X = (x_1, x_2, \cdots, x_n)$，由此决定该问题有以下特点。

（1）迭代算法及其收敛性

对于非线性方程组问题，其各种求解方法都离不开迭代，因此，存在迭代是否收敛的问题。为此，在 PSASP 或 PSD-BPA 程序中开发了如下几种计算方法：PQ 分解法、牛顿法（功率式）、最佳因子法、牛顿法（电流式），这些方法可供不同类型的电网的计算进行选择，以保证计算的精度和收敛性。

（2）解的多值性和存在性

对于非线性方程组的求解，从数学的观点来看，应该有多组解。根据程序中所设定的初值，一般都能收敛到合理解。但也有收敛到不合理解（电压过低或过高）的特殊情况。这些解是数学解（因为它们满足节点平衡方程式）而不是实际解。为此需改变运行条件后再重新计算。此外，对于潮流计算问题所要求的节点电压的分量（幅值和角度或实部和虚部），只有当其为实数时才有意义。如果所给的运行条件中无实数解，则认为该问题无解。

因此，当迭代不收敛时，可能有两种情况：一种是解（指实数解）不存在，此时需修改运行方式；另一种是计算方法不收敛，此时需更换计算方法。

潮流计算根据网络方程简化条件的不同而不同，简化的计算无疑在精度方面比较差，但快捷、省时。对于规划所需的计算而言，由于要进行多方案、长年度的计算，因此，并不特别追求计算的精度，而是应该追求计算的速度。一般来说，在同一简化的条件下作比较，可以在众多个方案中把指标相差悬殊的其他方案排除，留下指标相差在简化计算的误差影响范围之内的一些方案作进一步比较，例如，留下两三个方案作较精确的比较，无疑将有很多工作量。另外，对于长期规划而言，由于较远期的不确定因素很多，往往也不必在潮流计算的精度上去计较，因此在电网规划计算中，总是用简化的方法估计潮流。

最简单的潮流计算是直流法，但它（也包括其他精度高的方法在内）只能解答已有网络的潮流分布，不能解答网络规划中所需要的答案，即是否最经济。要解决这一问题只能列出各种可能的电网架设方案，然后逐一作潮流计算，进一步进行比较后才能最终确定方案。幸而现在已经有较为成熟的计算软件，可以方便地计算出各种方案的潮流分布，在 PSASP 中还可通过调用 Excel 来查看计算结果，这使得离线计算也是高效的。

但是在计算中，根据给定节点性质的不同，主要划分为以下三种类型的节点。

PU 节点：有功功率 P_i 和电压幅值 U_i 是给定的。这种类型节点相当于发电机母线节点，或者相当于一个装有调相机或静止补偿器的变电所母线。

PQ 节点：注入有功功率 P_i 和无功功率 Q_i 是给定的。相当于实际电力系统中的一个负荷节点，或者相当于有功和无功功率给定的发电机母线。

平衡节点：用来平衡全电网的功率。平衡节点的电压幅值 U_i 和相角 δ_i 是给定的，通常以它的相角为参考点，即取其电压相角为零。一个独立的电力网中只设一个平衡节点。

从数学上说，潮流计算是求解一组由潮流方程描述的非线性代数方程组。牛顿-拉夫逊方法是解非线性代数方程组的经典方法，在潮流计算中也得到应用。当采用稀疏矩阵技术和节点优化编号技术后，牛顿-拉夫逊潮流算法成为电力系统潮流计算中的优秀算法，至今仍是各种潮流算法的基础。此外，还有各种快速潮流计算方法（如直流潮流和快速分解潮流算法）、扩展潮流计算方法（如最优潮流、动态潮流、随机潮流、开断潮流等）、交直流联合系统潮流计算、不对称电力系统潮流计算和谐波潮流计算方法等，以满足各种特殊要求的潮流计算。但在电网规划中，一般都不会用到这些特殊的潮流计算方法。

三、潮流结果分析

在电网规划网架方案的潮流计算中，最后所得的潮流图或报表内容一定都要满足以下几种标准，才能证明所得的电网规划方案是可行的方案。

（1）电压偏差标准

根据《国家电网公司企业标准——城市配电网技术导则》（Q/GDW 370—2009）可知：各类用户受电电压质量执行《电能质量供电电压允许偏差》（GB 12325—90）的规定。

按照《电能质量供电电压允许偏差》（GB 12325—90）规定：35 kV 及以上供电电压正、负偏差的绝对值之和不超过额定电压的 10%[注：如供电电压上下偏差同号（均为正或负）时，按较大的偏差绝对值作为衡量依据]；10 kV 及以下三相供电电压允许偏差为额定电压的±7%；220 V 单相供电电压允许偏差为额定电压的+7%、−10%。

但是，根据《中国南方电网城市配电网技术导则》（Q/CSG 10012—2005）可知：用户受电端电压允许偏差应满足 GB 12325—90 的规定，系统 110 kV 以下电压等级母线允许电压偏差范围如下：35 kV：上限为+7%，下限为−3%；10（20）kV：

上限为+7%，下限为 0，并且供电电压合格率不低于 98%。

　　因此，为兼顾两种标准，由 PSASP 或 PSD-BPA 软件计算得到的潮流图中的变电站母线的电压一定需要满足表 8-1 中的电压。

表 8-1　潮流图中母线（变电站）应满足的上、下限电压

额定电压/kV	10（20）	35	110	220	500
上限/（+%）	7	7	7	7	7
上限电压/kV	10.70	37.45	117.70	235.40	535.00
下限/（-%）	0	3	3	3	3
下限电压/kV	10（20）	34.0	106.7	213.4	485.0

　　另外，按照《电力系统电压和无功电力技术导则（试行）》（SD 325—89）中规定的发电厂和变电所的母线电压允许偏差值有以下几种情况。

　　1）500（330）kV 母线：正常运行方式时，最高运行电压不得超过系统额定电压的+110%；最低运行电压不应影响电力系统同步稳定、电压稳定、厂用电的正常使用及下一级电压的调节。

　　2）向空载线路充电，在暂态过程衰减后线路末端电压不应超过系统额定电压的 1.15 倍，持续时间不应大于 20 min。

　　3）发电厂和 500 kV 变电所的 220 kV 母线：正常运行方式时，电压允许偏差为系统额定电压的 0～+10%；事故运行方式时为系统额定电压的-5%～+10%。

　　4）发电厂和 220（330）kV 变电所的 110～35 kV 母线：正常运行方式时，电压允许偏差为相应系统额定电压的-3%～+7%；事故后为系统额定电压的±10%。

　　由此根据上述的电压标准来讲，一般来说在计算结果中我们是看不出来该电压等级的变电站的中、低压侧母线电压的，但是如果该变电站与下级电网有电气连接，那么就可以反推出该变电站的中、低压侧母线电压值。

　　虽说表 8-1 中给出的电压是符合电压偏差标准的，但若应用在电网规划中，还应该将电压较低的进行上调，也就是说低于额定电压的应该上调。至少应高于额定电压，这样才能凸显电网规划的成效，说明经电网规划后的网架是足够坚强的。

　　（2）电压调节

　　依据《国家电网公司企业标准——城市配电网技术导则》（Q/GDW 370—2009）的要求，若计算得出的电压偏低时，在用软件调节电压的过程中可以采取以下措施。

　　1）主变配置有载调压开关，在中、低压侧母线上装设无功补偿装置；

　　2）合理选择配电变压器分接头；

　　3）缩短线路供电半径及平衡三相负荷，必要时在中压线路上加装调压器。

（3）频率偏差标准

由《中国南方电网城市配电网技术导则》（Q/CSG 10012—2005）可知：电网频率偏差应符合 GB/T 15945—1995 的规定，额定频率为 50Hz，正常频率偏差不超过±0.2Hz。即系统中的有功功率不能显得过于充足或缺额，尤其是那些相对独立的，不对外输送电能的系统，应该按照系统中实际所需的功率来平衡，否则将导致系统中的频率上升或下降越过限值。值得注意的是，在 PSASP 或 PSD-BPA 中，频率的上升或下降是难以觉察的，因为多数系统都是大网中的一个小部分，即它们之间有电气上的连接关系。这样它们并不孤立，解开后的小电网（区域性的）虽说常会出现功率充足或缺额现象，但由于存在这种电气连接关系，一般不予考虑这种小电网的频率问题。

假如确实需要考虑频率问题，那么可以参照如下方式进行讨论。

如果近似认为在运行点附近静态频率特性为线性特性，则当节点 k 有发电机开断时，失去有功出力 ΔP_k 时，引起系统频率变化的增量为

$$\Delta f = \frac{\Delta P_k}{K_s - K_G^l} \tag{8-2}$$

式中，K_G^l 为开断机组的频率特性系数；K_s 为系统总的频率响应特性，当系统中节点数为 n 时，有 $K_s = \sum_{i=1}^{n} K_i$，K_i 为节点 i 的总频率响应特性。

（4）无功补偿标准

在 PSASP 或 PSD-BPA 软件中，设置无功补偿时应该按照如下的标准或补偿方式进行，无功补偿设施的安装地点及其容量应按照《城市电力网规划设计导则》（能源电[1993]228 号）中所提的标准在软件中进行设置，并达到要求。

1）220 kV 变电所应有较多的无功调节能力，使高峰负荷时功率因数达到0.95 以上，电容器容量应经计算，一般取主变容量的 1/6～1/4；

2）当变电所带有大容量无功设施时，如长距离架空线或电缆，应考虑是否需装设并联电抗器以补偿由线路电容产生的无功功率；

3）35～110 kV 变电所内安装的电容器应使高峰负荷时功率因数达到 0.9～0.95，电容器容量应经计算，一般取主变容量的 1/6～1/5；

在满足上述要求的同时，也需参照《国家电网公司企业标准——城市配电网技术导则》（Q/GDW 370—2009）的标准，其中指出 35 kV 变电站的无功补偿装置容量经计算确定或取主变容量的 10%～30%，以使高峰负荷时功率因数达到0.95 及以上。当电压处于规定范围且无功不倒送时，应避免无功补偿电容器组频繁投切。

4）在 10 kV 配电所中安装无功补偿设施时，应安装在低压侧母线上；当电容

器能分散安装在低压用户的用电设备上时，则不需在配电所中装电容器；10 kV 配电变压器（含配电室、箱式变电站、柱上变压器）及 35/0.4 kV 配电室安装无功自动补偿装置时，应符合《国家电网公司企业标准——城市配电网技术导则》（Q/GDW 370—2009）中的规定：

①在低压侧母线上装设，容量按变压器容量 20%~40%考虑；

②以电压为约束条件，根据无功需量进行分组自动投切；

③宜采用交流接触器-晶闸管复合投切方式；

④合理选择配电变压器分接头，避免电压过高电容器无法投入运行。

5）在供电距离远、功率因数低的 10 kV 架空线路上也可适当安装电容器，平时不投切，其容量（包括用户）一般可按线路上配电变压器总容量的 7%~10% 计，但不应在低谷负荷时使功率因数超前或电压偏移超过规定值；并同时参照《国家电网公司企业标准——城市配电网技术导则》（Q/GDW 370—2009）的标准比较后根据情况合理实施配置方案：在供电距离远、功率因数低的 20 kV、10 kV 架空线路上也可适当安装并联补偿电容器，其容量（包括用户）一般可按线路上配电变压器总容量的 7%~10%配置，但不应在低谷负荷时向系统倒送无功功率（表 8-2）。

在 PSASP 中的并联电容电抗器窗口中选择变电站母线的低压侧，当投入的容量 Q（Mvar）为负值时是电容器，正值是电抗器。而在 PSD-BPA 中正值代表电容器，负值却是电抗器。

表 8-2　无功补偿要求

变电站电压等级/kV	220	110	35
配置地点	专用中压侧或低压侧	低压侧	低压侧
占主变容量的比例/%	15%~30%	10%~30%	10%~30%
高峰负荷时高压侧的功率因素要求	0.95 以上	0.95 以上	0.95 以上

（5）线路输送容量校核标准

线路输送容量校核主要用于对供电走廊上所架设的电力线路在运行时的输电能力校验，这与系统的"N-1"校验密切相关。

对于不同型号的导线，总有一个持续极限输送容量，这个容量也是考虑了电网规划中的其他方面（如投资效益率、经济约束等）来确定的。目的是保证规划的电网符合基本潮流约束，即所选的电力线路满足功率约束。否则就应考虑多架设一回线路或更换较大型号的电力线路。部分导线的极限输送容量如表 8-3 所示。

表 8-3　部分导线型号的持续极限输送容量

线路型号	R1 Ω/km	X1 Ω/km	B1 1e^{-6}/ Ω·km	长期允许电流 T=25℃ I_m(A)	长期允许电流 T=40℃	持续极限 输送容量 T=25℃ W_m(MVA)	持续极限 输送容量 T=40℃	导线 截面 S	分裂 数 n	单根 I_m T=25℃ (A)
500 kV 线路										
LGJ-500×4	0.017	0.273	4.08	4 064	3 292	3 520	2 851	2 000	4	1 016
LGJ-400×4	0.020	0.275	4.053	3 516	2 848	3 045	2 466	1 600	4	879
LGJ-300×4	0.027	0.277	4.02	2 940	2 381	2 546	2 062	1 200	4	735
220 kV 线路										
LGJ-630×2	0.023	0.279	3.76	2 374	1 923	905	733	1 260	2	1 187
LGJ-500×2	0.033	0.3	3.71	2 032	1 646	774	627	1 000	2	1 016
LGJ-400×2	0.040	0.304	3.70	1 758	1 424	670	543	800	2	879
LGJ-300×2	0.054	0.309	3.64	1 470	1 191	560	454	600	2	735
LGJ-240×2	0.066	0.312	3.60	1 296	1 050	494	400	480	2	648
LGJ-400	0.080	0.417	2.70	879	712	335	271	400	1	879
LGJ-300	0.107	0.427	2.67	735	595	280	227	300	1	735
LGJ-240	0.132	0.432	2.62	648	525	247	200	240	1	648
110 kV 线路										
LGJ-400	0.080	0.373	—	879	712	167	136	400	1	879
LGJ-300	0.107	0.382	—	735	595	140	113	300	1	735
LGJ-240	0.130	0.388	—	648	525	123	100	240	1	648
LGJ-185	0.163	0.395	—	539	437	103	83	185	1	539
LGJ-150	0.210	0.403	—	463	375	88	71	150	1	463
LGJ-120	0.270	0.409	—	407	330	78	63	120	1	407

注：环境温度为 25℃、导线温度 70℃（无日照）时，W_m=1.732×Uh×I_m，其中，S 为导线截面（mm²）；P 为经济输送容量（MVA）。

四、潮流不收敛分析

在采用上述的两款潮流计算软件进行潮流计算时，总会遇到这样或那样的收敛性问题。以它们的实际使用时的问题为例，在排除算法本身的问题外，这些问题主要可归结如下。

（1）母线电压的问题

确保母线电压的正确输入，否则，与其他同电压等级的母线通过线路互联后（可能实际中并未注意这种错误，但把它们互联了），计算时会出现不收敛的情况。在 PSASP 的程序中，不能自动检查出来这种错误。在 PSD-BPA 中，一般不会出现这种问题，但是都应该将母线的端电压进行统一，比如，对于一般性的 PQ 节点可将 220 kV 母线上的基准电压设定为 230 kV，110 kV 母线上的基准电压设定为 115 kV，等等。

（2）线路误连接的问题

这种情况，在 PSASP 中有的能检查出来，有的却检查不出来（例如，本应为辐射运行的网络却被输入成了环网结构，将解开的区域性网络又互联在一起了，电压等级不同的母线互联了），只有进入到图形界面中去，把各个变电站的位置都布置好，看其互联线路的连接情况来检查是比较方便的，同时省去了潮流正确时也需要这样做的步骤；也可在交流线路窗口中通过输出 Excel 表格的形式进行检查，但是线路过多时，不好检查出问题[除非将上一级变电站的低压侧，在 PSASP 的交流线路窗口中，固定在一侧母线上（如 I 侧）来进行输入，而另一侧母线（如 J 侧）则固定为下一级变电站的母线]。在 PSD-BPA 中，能检查出电压等级不同的母线互联问题，它会在结果窗口给予错误提示，但是同样不能检测出环网结构。这也是导致潮流不收敛的主要原因之一，因为存在电磁环网，可能导致功率不平衡，以致最后不收敛。

（3）多个电压等级的变压器选择

在 PSASP 的图形界面中，分为标准电压显示和非标准电压显示。标准电压显示就是各个电压等级的变电站就按照其电压等级来显示。当整个电网出现多个电压等级（即电网较大），按照标准电压来显示时需要注意的是，除最低电压等级的变电站可以不选择变压器外（就以其母线替代变压器），必须选择其余各电压等级的变电站的主变，并将各个主变按照与其互联线路的电压等级来选择变压器的电压抽头，即主变的各绕组的电压等级。而且，各个变电站主变的容量也需要与其所带的负荷水平相当，也就是说其主变变压器的容量（MVA）应大于或等于其所带的负荷（MW），否则，将会出现不收敛情况。但是，高电压等级变电站的主变的相关参数通常是经查阅相关设计手册中的同类型号的变压器获得，然后在软件中修改参数来达到要求的。

非标准电压显示即最高电压等级和最低电压等级可不进行主变参数设置（均以其所需的母线侧电压来代替），其余的按照上述方式来选择主变。在 PSASP 图形界面中，最高电压等级就不是该变电站的电压等级（比如，500 kV 的变电站，显示为 220 kV 的电压），主要是因为这一级的主变容量和相关参数不知道而这样做的，这样一来，会出现网损不符合要求的现象。显示的电压也存在问题，因此不予采用。一般为达到标准化显示，都需将某些主变的容量和参数进行修改。

（4）网络中无平衡节点问题

任何一个电网，不论其大小都需要有（至少）一个平衡节点。

最简单的潮流就是两个站点，应设其中一个为平衡节点。有时我们可能并不知道其潮流流向或这两个电站的性质（比如，一个上级变电站和一个下级变电站相连；一个发电厂和变电站相连；同电压等级的两个变电站相连）。若知其一，便可以计算出来。若二者均不可获知，那么计算将难以进行。

对于复杂的系统，一定需要考虑系统中是否拥有合理的平衡节点问题。不能忽视这一点。一般来说，平衡节点应该选择那些吞吐能力较大的火力发电厂或系统中最高电压等级的高压侧母线等。此外，平衡节点也应着眼于整个系统的运行情况，应该尽量使一些电源点和当地负荷就地平衡掉，不可让平衡节点产生远距离输电现象，否则系统的运行就不太优化。

（5）无功补偿问题

加装无功补偿设备，不仅可使功率消耗小，功率因数提高，还可以充分挖掘设备输送功率的潜力。在大系统中，无功补偿除了能降低网损外，还可用于调整电网的电压，提高电网的稳定性。对系统补偿容性无功，可提高系统的运行电压，补偿感性无功，可降低系统的电压。其补偿方式在规划原则中已经叙述，不再赘述。因此，在系统电压偏高或偏低时可用无功补偿来调整系统的电压，但是过多或过少的补偿都是不利于系统运行优化的，也影响系统的经济性。

在实际应用中确定无功补偿容量时，应注意以下三点。

1）在轻负荷时要避免过度补偿，倒送无功造成功率损耗增加，也是不经济的；

2）功率因数越高，每千伏补偿容量减少损耗的作用将变小，通常情况下，将功率因数提高到 0.95 就是合理补偿；

3）补偿容量不能超出规划中配置的无功容量。

第二节　短　路　计　算

短路电流是指电力系统在运行中，发生的相与相之间或相与地（或中性线）之间非正常连接（即短路）时流过的电流。其值可远远大于额定电流，并取决于短路点距电源的电气距离。例如，在发电机端发生短路时，流过发电机的短路电流最大瞬时值可达额定电流的 10～15 倍。大容量电力系统中，短路电流可达数万安，这会对电力系统的正常运行造成严重影响和后果。

在电力系统正常运行时，常常会因为自然的、人为的或设备自身缺陷等问题发生故障或出现不正常运行状态。对于系统的故障状态，保护装置应该自动、迅速、有选择地将故障元件从电力系统中切除，保证非故障部分的继续运行；对于系统出现的不正常运行状态，要求优先考虑选择性，发出预警信号并在可行的延时范围内动作且能与自动重合闸相配合。这样可避免不必要的动作和由于干扰引起的误动作，能最大限度地保护电气设备，防止停电范围扩大化。

一、短路计算的目的

为了确保电气设备在短路情况下不被损坏，减轻短路危害和防止故障扩大，必须事先对短路电流进行计算。进行短路计算的目的有以下几点。

1）选择和校验电气设备。

2）进行继电保护装置的选型与整定计算。

3）分析电力系统的故障及稳定性能，选择限制短路电流的措施。

4）确定电力线路对通信线路的影响等。

选择和校验电气设备时，一般只需近似计算在系统最大运行方式下可能通过设备的最大三相短路电流值。设计继电保护和分析电力系统故障时，应计算各种短路情况下的短路电流和各母线节点的电压。

二、短路计算的假设

要准确计算短路电流是相当复杂的，在工程上多采用近似计算法。这种方法建立在一系列假设的基础上，计算结果偏大。在计算各种故障电流时，可根据电力网络的特点及实际工程精度的要求作如下假设。

1）短路点处不经过渡电阻接地，认为均为金属性短路接地。

2）忽略磁路饱和与磁滞现象，系统中各个元件经建模简化后的参数是恒定的，可应用叠加原理。

3）在高压电网中忽略各元件的电阻，因为高压电网中各种电气元件的电阻一般都比电抗小得多，各阻抗元件均可用一等值电抗表示；在配电网故障计算中需要考虑各元件的电阻与电抗，忽略导纳参数对系统的影响。当短路回路的总电阻大于总电抗的 1/3 时，应计入电气元件的电阻。

4）除在发生不对称故障的地点以外，认为系统其余部分各元件的三相参数是对称的。

5）在形成节点导纳矩阵的时，可将所有节点的负荷都略去不计。认为故障前网络处于空载运行状态，各节点电压的正常分量的标幺值都取为1。

三、短路电流的基本参数

在整个短路过程中，可以分为暂态过程和稳态过程两个阶段，各个阶段的短路电流值都在变化，在短路电流计算和电气选择中，主要以下短路电流值作为依据。

1）次暂态短路电流 I''，刚发生短路时，短路电流周期分量的瞬时值，主要用来对电气设备的载流导体进行热稳定校验和整定继电保护装置。

2）稳态短路电流 i_d 及稳态短路电流有效值 I_d，短路瞬变过程结束转到稳定过程时（约需 0.2 s）的短路电流瞬时值和有效值。主要用来对电气设备的载流导体进行稳定校验和整定继电保护装置。

一般认为，次暂态短路短路 I'' 与稳态短路电流有效值 I_d 相等。

3）短路冲击电流 i_c，短路发生经半个周期（ $f = 50\,\text{Hz}, \ t = 0.01\,\text{s}$ ）时所达到的短路电流瞬时最大值称为短路冲击电流。设备导体选择必须用三相短路冲击电流值进行动稳定校验。

4）短路电流最大有效值 I，短路发生经半个周期（ $f = 50\,\text{Hz}, \ t = 0.01\,\text{s}$ ）时所达到的短路电流最大值的有效值，即短路冲击电流 i_c 的有效值，设备导体选择必须用三相短路冲击电流最大有效值进行稳定校验。

$$i_c = I_d \sqrt{2} K_c, I_c = I_d \sqrt{1 + 2(K_c - 1)^2} \tag{8-3}$$

其中，K_c 为短路电流冲击系数，取决于短路回路中 X / R 的比值，X / R 不同，则也 K_c 也不同，在工程实用计算中，对配电网络，通常取 $K_c = 1.8$，则

$$i_c = 2.55 I_d, \ I_c = 1.52 I_d \tag{8-4}$$

当在 1000 kVA 及以下的变压器二次侧短路时，取：

$$i_c = 1.84 I_d, \ I_c = 1.08 I_d \tag{8-5}$$

5）短路容量是衡量断路器切断短路电流大小的一个重要参数，在任何时候，断路器的切断能力都应大于短路容量。短路容量 S_d 的定义为

$$S_d = \sqrt{3} U_N I_d \tag{8-6}$$

其中，U_N 为线路额定电压（kV）。

四、短路计算的校验

在 PSASP 或 PSD-BPA 中，计算系统的短路电流和容量时，有两种计算方式：其一，是根据系统的运行潮流结果作为初始状态来进行计算，这时的结果有可能偏高，也可能偏低；其二，是上述 5）中假设的内容，即认为系统的初始电压都是合格的额定电压来计算短路电流和容量。不论怎样设置，都需设置故障形式（即三相短路故障）和各种具体的故障信息。但是最后的计算结果，都不能超过表 8-4 所示的数据。

按照《城市电力网规划设计导则》（能源电[1993]228 号）中所提的短路容量要求，为了取得合理的经济效益，城市电网各级电压的短路容量应该从网络的设计、电压等级、变压器的容量、阻抗的选择、运行方式等方面进行控制，使各级

电压断路器的开断电流及设备的动热稳定电流得到配合，一般可采取表 8-4 中的数值。

表 8-4　短路容量标准

电压等级/kV	220	110	35	10
短路电流/kA	40、50	31.5、40	25	16、20
短路容量/MVA	15242、19053	6002、7621	1516	277、346

在特殊情况下，经过技术经济论证可超过上述数值。

第三节　"N-1"校验计算

一、基本概念

在电力系统中，为了提高供电的可靠性，在发电方面采用了备用容量（旋转备用或明备用）的方法，也就是说系统除了满足负荷要求外，要有一定的备用容量。具体到输电系统，我们可以看到，在由许多元件组成的输电系统中，任一元件的故障，均会影响系统的正常供电。所以，为了提高整个系统的可靠性，往往在输电系统（也即电网）中设置冗余元件来确保输电系统具有一定的备用容量，或称冗余度，也即在输电系统中有 $n-k$ 设计，这里的 n 为系统元件的总数，k 称为冗余度。

现在在国内外的电网规划及设计中，都广泛采用"N-1"原则，"N-1"原则也就是说，在整个电网中，任意一个独立元件故障停运，不应使负荷受影响或受限制。或者说，在电网全部 n 条线路中任意地开断一条线路后，系统的各项运行指标均应满足给定的要求。在电网规划形成网络的初期，最重要的原则是使网络不出现过负荷，即电网能够满足安全输送电力的要求。为此，我们应进行逐条线路开断后的过负荷校验。如果任意一条线路开断后能够引起系统其他线路出现过负荷，甚至引起系统解列时，说明电网没有满足"N-1"校验，在这种情况下，必须对电网进行扩建，即增加线路，直到满足"N-1"校验为止。

在进行"N-1"校验时，我们特别强调是在任一独立元件故障停运时，不影响电网供电的功能，独立元件，应是指具有自己的供电通道，应该不依赖其他回路而独立隔离故障和检修的线路，因此，对于有些同杆并架的双回线，虽然是两回线路，但只能看作一个独立元件。

电网的"N-1"规则的做法，也称为"单一故障安全检查"。我们在作输电系统可靠性标准时，对有 n 个元件的系统看有几个元件发生故障，不使系统的功能下降。若为 $n-k$ 冗余度，即在 n 个元件中有 k 个元件故障时不影响系统的功能，

则称为 $n-k$ 设计或称 k 阶冗余度。对于电网来讲，决定冗余度 k 到底取多大，涉及网络的投资，同时 k 的大小也直接涉及供电可靠性问题。一般发电投资与电网的送、变电投资比大约为 $\frac{2}{3}:\frac{1}{3}$，即送、变电投资只占发电投资的 33%，架一回线投资约为 15 万元/公里。

现在国内外在电网规划时，一般采取"N-1"设计，即为在有 n 条线路组成的电网，要求任何一条线路开断的情况下，剩下的回路应能承担不使负荷用电受到限制。冗余度 $k=1$，也就是说电网不考虑双回线同时发生故障，这是因为如果考虑冗余度 $k=2$，则系统就要多增加投资，而双回线路同时发生故障的概率又很小，所以一般系统都采用"N-1"校验。这里应该指出的是，我们所说的当一回线路故障时，剩下的线路应不限制负荷用电是有条件的，即当"N-1"校验时，我们是允许剩下没有故障的线路有 20% 的过负荷输送能力的。就是说允许剩下没有故障的线路可以有 1.2 倍的输电能力。

目前，我国有些电网的状况，还不能立即按照"N-1"原则来校验，因为无论是从电网的结构、输送容量及架设回路的多少等方面都存在不少的问题，在目前我国其些电网内，最多能做到"N-0.8"设计，即 $k<1$，也就是说要考虑影响负荷 20%，当然在我们作规划时，是应按照"N-1"原则去作的。

二、"N-1"校验计算的基本步骤

"N-1"校验的具体步骤如下。

1）确定电网内正常运行入式的潮流，显然，在正常情况下，各回线路的输电功率，不应超过热稳定成所确定的稳定限度；

2）在检查时，为了简化计算，其潮流分布常采用线性潮流法估算，其要点是这种方法只考虑有功功率，不考虑无功功率的影响，于是对于节点，有

$$\sum P = 0 \qquad\qquad (8\text{-}7)$$

然后，是按照负荷矩最小的原则，确定线路的回路数及潮流，即决定哪些地方需要架设线路，以及架设什么样的线路，即

$$\sum P \cdot L = 最小 \qquad\qquad (8\text{-}8)$$

3）顺次断开各独立回路，计算断开每一条独立回路后的运行入式下的潮流，检查各回路的输送功率，达到各回路的输送功率，应该不越过考虑 20% 过负荷后的输送能力，也即不应该超过线路输送能力的 1.2 倍。如果不超过，则该系统满足"N-1"校验要求。

4）如检查中线路合越过输送能力的 1.2 倍时，则为了满足"N-1"单一故障安全检查，则系统就要增设线路。线路的输送能力，也可称为电网的吞吐能力。

以下举例来说明"N-1"规则的具体步骤。如图 8-1 所示的系统,线路的最大输送能力为 500 MW。

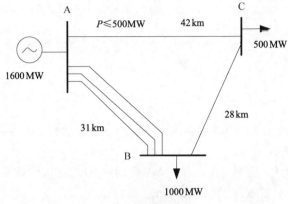

图 8-1 简单电力系统

计算步骤如下。

1) 确定正常情况下的潮流(正常运行方式可以给出,也可以由自己假定,因此可以有很多种运行方式)。

第一种运行方式如下。

设

$$P_{AB} = 1500$$

则

$$P_{AC} = 1600 - 1500 = 100$$

根据节点 $\sum P = 0$,则

$$\sum P_B = P_{AB} - L_B + P_{BC} = 0$$

则

$$P_{BC} = -500$$

假定我们规定电流流进母线为正,则电流流出母线则为负。

按照负荷矩最小的原则,确定最合理的潮流分布,即最经济的运行方式。

$$\sum P \cdot L = 1500 \times 31 + 500 \times 28 + 100 \times 42 = 64700$$

第二种运行方式如下。

设

$$P_{AC} = 500$$
$$P_{AB} = 1600 - 500 = 1100$$
$$P_{BC} = 1100 - 1000 = 100$$

$$\sum P \cdot L = 1100 \times 31 + 500 \times 42 + 100 \times 28 = 57900$$

第三种运行方式如下。

设

$$P_{AB} = 1200$$

$$P_{BC} = 1200 - 1000 = 200$$

$$P_{AC} = 500$$

$$\sum P \cdot L = 1200 \times 31 + 400 \times 42 + 200 \times 28 = 59600$$

从以上三种运行方式来看，按照负荷矩最小的原则，应选取第二种运行方式，即选第二种潮流分布。

2）用"N-1"规则，即用单一故障安全检查法，校验其安全可靠性。

先设线路 AC 故障，现行最大允许潮流为

$$C_{AB} = 1.2 \times 3 \times 500 = 1800$$

C_{AB} 大于允许输送能力（1600MW），所以线路 AB 是符合"N-1"单一故障安全检查要求的。

设线路 BC 故障，C 母线上的负荷此时将由 AC 供给，则

$$C_{AC} = 1.2 \times 500 = 600$$

C_{AC} 的输送能力大于线路的允许最大输送能力，故线路 AC 是符合"N-1"单一故障安全检查要求的。

再设 AB 中小任一回线路故障，则

$$C_{AB} = 2 \times 1.2 \times 500 = 1200$$

C_{AB} 的输送能力大于 AB 线路的允许最大输送能力，故线路 AB 也是符合"N-1"单一故障安全检查要求的。

通过以上的计算及校验，可以看出，该系统各条线路都符合"N-1"单一故障安全检查要求的。

若在进行"N-1"校验时，有的线路超过该线路的允许过负荷时，则应考虑增设新的线路，以增强其输送能力，消除过负荷，保证电网安全、可靠地供电。

在增设了线路后，为了校验是否能保证线路不超过允许的过负荷，还应再进行一次潮流计算，若没有超过允许的过负荷时，方案可以通过。若在增设了线路后，还存在超过允许的过负荷时，则还需更改原来的架设线路的方案或重新再增设线路，重新进行潮流计算及"N-1"单一故障安全检查。

一般可进行几种方案的计算，把几种都能满足上述校验的方案进行经济比较，以决定最后的选定方案。

第九章　项目建设与管理

电网规划项目设计的基本原则是安全可靠运行、经济合理供电及满足电网发展的灵活性和适应性的要求。具体而言，可靠性主要指规划设计的电网应当能保持在一定干扰下仍能满足对用户持续供电的能力，防止发生大面积停电事故。与此同时，电力系统的规划网架应能适应系统的近期和远景发展，易于过渡，尤其要注意到远景电源建设和负荷预测的各种可能变化。此外，电网规划还要能够尽可能考虑电网建设的经济性。

但是应该注意到，规划方案对安全可靠性和适应性的要求与规划方案的经济性通常是相互矛盾的，即要想提高电网的可靠性，势必对网架和设备规格等提出更高的要求，也就需要更高的资金投入，反之亦然。

通过前面几章对现状问题的分析与解决，形成了拟规划建设的项目。而在各规划项目具体实施建设之前，通常由于有限的资金制约和建设能力的影响，只能选择性地实施部分项目，因此需要对开展的规划建设项目按其重要性程度进行排序，细致评估每个规划项目的必要性和优先级，合理选择和安排规划项目的建设，使其按照一定的顺序进入前期项目储备库，然后再做前期工作，使重要性最大的规划项目落到地上，尽早实施，使得系统的可靠性和经济性达到最大。

图 9-1 为考虑约束条件的项目建设流程。由图 9-1 可以看出，在对现状问题中，需要考虑规划设计时的边界条件，即设计依据及原则、负荷预测结果、网架结构和电源规划结果。对这些约束条件进行分析解决，形成不同方案的拟规划项

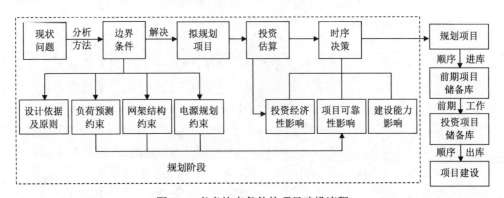

图 9-1　考虑约束条件的项目建设流程

目，然后对拟规划项目进行投资估算使规划项目更加合理，最后在时序决策中对所有拟规划项目进行筛选，确定最优的一种方案，使其逐次进入前期项目储备库。时序决策的约束条件是以前面所分析的负荷预测结果、网架结构设计、电源规划结果、投资估算和建设能力约束为基础，进行合理时序决策。

第一节　项目建设

一、项目库

　　丰富有序的项目储备是项目建设正常运转的前提条件。储备项目应依照公司电网发展规划和各类专项规划，结合设备运行状况、缺陷记录、状态评价等信息，归入到不同的项目库中。不同项目库的存在，可以使规划项目有效地进入备选、准备、实施等阶段，为项目落地实施进行质量把关，同时也促进了项目建设的规范化。项目库中的项目具有唯一性，根据项目所处阶段不同，可将项目库分成前期项目储备库、投资项目储备库两种类型，在满足一定前提条件的情况下，两种类型的项目可以逐步转化。各类型项目特点如下。

　　（1）前期项目储备库

　　具有项目单位、项目名称、措施内容、资金计划、在装地点、设备类别等基本信息，以说明项目概况，但未考虑电网公司项目建设中要求的约束条件（如投资金额限制、投资可靠性要求等），经过可研论证，论证项目可行性、必要性、经济性后，通过相关审批，可进入投资项目储备库。

　　（2）投资项目储备库

　　在项目进入前期项目储备库的基础上，附加项目可研报告、项目概算书等文档资料，深入说明项目的可行性、必要性、经济性及满足项目建设中要求的约束条件，经过相关审批、优选后，进入投资项目储备库。

二、项目建设流程

　　图 9-2 为项目建设决策流程。由图 9-2 可知，规划阶段的项目建设就是首先对现状问题的分析，然后形成拟规划项目，解决存在的问题，接着通过考虑现状问题的分析结果，对拟规划项目进行投资估算、时序决策，形成规划项目，进而顺序进库，进入前期项目储备库，之后通过对项目进行可行性研究、相关部门审批进入投资项目储备库，随着时间推进，顺序出库进行施工，开始项目建设。若通过结合前面几章对现状问题的分析结果，对项目可靠性和投资价值进行分析，使电网规划的深度进一步加深，项目建设向前推进，将会少做或不做前期工作（如项目可行性研究）直接进入投资项目储备库。

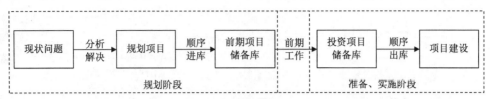

图 9-2　项目建设决策流程

第二节　投 资 估 算

一、投资估算定义

（1）投资估算概念

投资估算是指在建设项目的投资决策过程中，依据现有的资料和一定的方法，对建设目的全部投资额进行估算。全部投资额包括筹建、施工至建成投产的全部建设费用。规划阶段的投资估算主要是选择有利的投资机会，明确投资方向，提出概略的项目投资建议并编制项目建议书。该阶段按规划的要求和内容，初估项目所需投资。

（2）编制范围和内容

项目规划阶段，投资估算应该包括固定资产投资的全部内容和流动资金估算。固定资产投资包括项目安装工程费、设备及工器具费用、工程建设其他费用、预备费、建设期贷款利息等。流动资金的估算是项目投产后用于购买原材料、燃料，支付工资及其他经营费用等所需的周转资金。

（3）编制的依据

投资估算的主要编制依据包括类似工程的投资估算指标、技术经济指标，场址所在地估算定额及费用定额，场址所在地主要材料、设备估算价格及现行市场价格等。类似工程建设项目的经验数据是进行投资估算的重要参考。在投资估算阶段，设计是不完备和粗略的，因此不可能像施工图预算一样进行准确的计量和计价，依照类似工程项目的造价指标进行类比与调整是常用的方法。两个项目在建设时间、地点、设计等方面必然存在差异，如何调整相关指标是提高估算准确性的关键所在。

二、投资分类

（1）电源基建投资

调峰调频电源、新能源、境外电源及采用合同能源管理模式的电源项目投资管理。

（2）电网基建投资

各电压等级输变电基建（包括与输变电工程同步建设的通信工程、安稳装置、无功补偿装置、融冰装置、巡检中心等）、电动汽车充电站等投资管理。

（3）小型基建投资

生产调度指挥中心（综合楼）、输（变）电生产管理中心（综合楼）、生产检验修试中心（综合楼）、营业厅、计量中心、客户服务中心、教育培训基地、物资仓库、技术创新平台（大楼）、周转房等投资管理。

项目土地购置、建筑工程、装饰装修工程（不含有特殊要求的工艺装修）、安装工程、室外环境工程（含绿化、室外道路、硬质铺地）、VI标识系统、办公家具和厨房设备、档案管理专业设备（密集柜）、物资仓库内的行车和货架等列入小型基建投资。

（4）生产技改投资

发电设备改造、变电一次设备改造、线路改造、工器具购置、变电二次设备改造、自动化系统改造、通信改造、综合改造、生产车辆购置、配网改造及其他改造投资（包括输变电综合楼、生产检验修试综合楼），其中生产车辆主要是指用于生产运行的发电车、高空作业车、带电作业车、工具车等。

新建生产调度指挥中心（综合楼），输（变）电生产管理中心（综合楼），生产检验修试中心（综合楼）有特殊要求专业技术用房的工艺装修，气体消防，精密空调，专业系统设施，配套通信工程，用于检验、修试、计量的专业工器具，机械停车位等列入生产技改投资。现有输（变）电生产管理中心（综合楼）、生产检验修试中心（综合楼）更新改造列入生产技改投资。

（5）营销技改投资

电能计量装置改造、计量自动化系统改造、营销场所更新改造、营销配套和其他营销技改投资等改造为营销技改投资。

（6）其他技改投资

非生产运行、非营销服务车辆购置、日常办公设备购置、现有生产调度指挥中心更新改造等投资。

（7）科技投资

新技术、新工艺、新材料、新产品研究开发，新标准研究制定项目，决策支持技术的研究及实验能力提升项目，引进技术消化吸收与再创新项目，科技成果转化与推广应用示范项目等投资。

三、投资估算的作用

投资估算是合理确定建设项目工程造价的基础，是建设项目工程造价管理的基本内容和重要工作，它在建设项目中的首要性是不言而喻的。依据科学有效的方法，客观、正确、快速进行预测工程投资，将会带来巨大的经济效益和社会效益。其作用可归纳为以下几点。

1）项目规划阶段的投资估算是项目投资决策的重要依据，是正确评价建设项目投资和理性，分析投资效益，为项目决策提供依据的基础。

2）项目投资估算对工程计算起控制作用，它为设计提供了经济依据和投资限额，设计概算不得突破批准的投资估算额。

3）项目投资估算可作为项目资金筹措及制定建设贷款计划的依据，建设单位可以根据批准的投资估计额，进行资金筹措。

4）项目投资估算是进行工程招标、优选设计方案的依据。

5）项目投资估算实行工程限额设计的依据。这就要求设计者在一定投资范围内确定设计方案。

6）项目规划阶段的投资估算，是项目主管部门审批项目规划的依据之一，对项目的可研阶段投资概算起到参考作用。

四、建设项目投资估算的内容

建设项目投资估算包括固定资产投资估算和流动资金估算。

固定资产投资估算的费用内容包括设备及工器具购置费、安装工程费用费、工程建设其他费用、预备费、建设期贷款利息及固定资产投资方向调节税等。

流动资金是指生产经营性项目投产后，用于购买原材料、燃料，支付工资及其他经营费用等所需的周转资金。

五、投资估算的方法

投资估算的编制方法很多，各有其适应条件和范围，而且其精度也各不同。在工作中应根据项目的性质、具有的技术经济资料和数据的具体情况，选用适宜的估算方法。在项目规划和建议阶段，投资估算的精度不一定很高，一般可以采取匡算的方法，如生产规模指数法、比例估计算法、拉格朗日系数估算法、资金周转率法等。

在建设项目总投资的主要构成中，一般会把其中的建筑安装工程费、设备工具购置费、其他费用和预备费部分，称为静态投资部分；而把建设期的贷款利息、固定投资方向调节税等合称为动态投资部分。

（1）固定资产投资的估算方法

由于静态投资部分估算是建设项目投资估算的基础，所以必须要进行全面的分析，一方面是要避免少算漏项，另一方面要避免高估冒算。根据不同研究阶段的条件和资料，按照精准程度的需要，一般可以采用以下几种估算方法。

1）生产规模指数法是根据已建成的项目投资额，估算同类拟建的项目的投资额。计算公式为

$$C_2 = C_1 (\frac{Q_2}{Q_1})^n \times f \tag{9-1}$$

式中，C_1 为已建类似项目的投资额；C_2 为拟建项目的投资额；Q_1 为已建类似项目的生产规模；Q_2 为拟建项目的生产规模；f 为不同时期、不同地点的定额、单价、费率等的综合调整系数；n 为生产规模指数，$n \in [0,1]$。

2）比例估计算法以拟建项目或装置的设备为基数，根据已建成的同类项目或装置的建筑安装费和其他工程费用等占设备价值的百分比，求出相应的建筑安装费及其他工程费用等，加上拟建项目的其他有关费用，其和即为项目或装置的投资。其计算公式为

$$C = E(1 + f_1 P_1 + f_2 P_2 + f_3 P_3 + \cdots) + I \tag{9-2}$$

式中，C 为拟建项目或装置的投资额；E 是根据拟建项目或装置的设备清单按当时当地价格计算的设备费的总和；P_1，P_2，P_3 是已建项目中建筑、安装及其他工程费用等占设备的百分比；f_1，f_2，f_3 是定额、价格、费用标准等变化的综合调整系数；I 是拟建项目的其他费用。

3）拉格朗日系数估算法是以设备费为基础，乘以适当系数来推算项目的建设费用。其公式为

$$D = C(1 + \sum K_i) K_c \tag{9-3}$$

式中，D 为总建设费用；C 为主要建设费用；K_i 为管线、仪表等项费用的估算系数；K_c 为管理费、合同费等间接费在内的总估算系数。

总建设费用与设备费用之比为拉格朗日系数即

$$K_1 = (1 + \sum K_i) K_c \tag{9-4}$$

4）资金周转率法是一种用已建类似项目的资金周转率来推测拟建项目的简便方法。其公式为

$$资金周转率 = \frac{年销售总额}{总投资} = \frac{年产量 \times 单位产品售价}{总投资}$$

拟建项目的资金周转率可以根据已建类似项目的相关数据推测，然后再结合拟建项目的年产量和预测单价，进行拟建项目的投资额估算。

这种方法计算简便，速度快，也无需项目的详细描述，只需知道产品的年产

量和单价，但估算误差较大。

（2）动态投资估算法

动态投资部分主要包括建设期价格变动可能增加的投资额、建设期利息和固定资产投资方向调节税等三部分内容，如果是涉外项目，还应该计算汇率的影响。动态投资不得作为各种取费的基数，一般可以采用以下几种估算方法。

1）涨价预备费的计算公式为

$$PE = \sum_{t=1}^{n} I_t [(1+f)^t - 1] \qquad (9-5)$$

式中，PE 为涨价预备费估算额；I_t 为建设期中第 t 年初的投资计划额；n 为建设期年份数；f 为年平均预测上涨率。

2）铺底流动资金的估算方法。铺底流动资金是保证项目投产后，能正常生产经营所需要的最基本的周转资金额数。在项目决策阶段，这笔资金要落实。其计算公式为

铺底流动资金=流动资金×30%

这里的流动资金包括建设项目投产后为维持正常生产经营用于购买原材料、燃料，支付工资及其他生产经营费用的周转资金。其大小等于项目投产运营后所需全部流动资产扣除流动负债后的余额。

流动资金的估算方法一般采用扩大指标估算法和分项细估算法。本书仅介绍扩大指标估算法。

扩大指标估算法是一种简化的流动资金估算方法，一般可参照同类企业的流动资金占销售收入、经营成本的比例，或者单位产量占用流动资金的数额估算。其公式如下：

流动资金额=年产量×产值资金率

3）经营成本资金率估算法。经营成本是一项反映物质、劳动消耗和技术水平、生产管理水平的综合指标。其计算公式为

流动资金额=年经营成本×经营成本资金率

4）固定资产投资资金率估算法。固定资产投资资金率是流动资金占固定资金投资的百分比。其计算公式为

流动资金额=固定资产投资×固定资产投资资金率

5）单位产量资金率估算法。单位产量资金率，即单位产量占用流动资金的数额。其计算公式为

流动资金额=年生产能力×单位产量资金率

（3）投资估算实用方法

由于电网规划时的投资估算不像做施工图预算时那样进行实际建设费用的准确估算，最主要的是需要估算出大概的投资费用，因此，在进行电网规划时，通常采用综合造价表的方法进行投资估算，即表中列举了规划地当前水平的各类材料、人工等费用，通过综合造价表进行投资估算。表 9-1 为某规划地"十三五"规划期间的中低压配电网综合造价表清单。

表 9-1 某规划地"十三五"规划期间的中低压配电网综合造价表

项目名称	电压等级/kV	规格型号	单位	综合造价
一、中压配电网				
配电变压器（柱上变）	10	1000kVA	万元/台	9.90
配电变压器（柱上变）	10	800kVA	万元/台	10.80
配电变压器（柱上变）	10	630kVA	万元/台	10.02
配电变压器（柱上变）	10	500kVA	万元/台	11.25
配电变压器（柱上变）	10	400kVA	万元/台	9.40
配电变压器（柱上变）	10	315kVA	万元/台	8.44
配电变压器（柱上变）	10	250kVA	万元/台	8.75
配电变压器（柱上变）	10	200kVA	万元/台	7.02
配电变压器（柱上变）	10	160kVA	万元/台	6.85
配电变压器（柱上变）	10	100kVA	万元/台	5.38
配电变压器（柱上变）	10	80kVA	万元/台	5.06
配电变压器（柱上变）	10	50kVA	万元/台	4.06
配电变压器（柱上变）	10	30kVA	万元/台	4.71
配电变压器（欧式箱变）	10	800kVA	万元/台	25.28
配电变压器（欧式箱变）	10	630kVA	万元/台	21.04
配电变压器（欧式箱变）	10	500kVA	万元/台	24.05
单回 10kV 线路（裸导线）	10	$1\times240\ mm^2$	万元/km	24.10
单回 10kV 线路（绝缘导线）	10	$1\times240\ mm^2$	万元/km	30.40
单回 10kV 线路（裸导线）	10	$1\times185\ mm^2$	万元/km	19.60
单回 10kV 线路（绝缘导线）	10	$1\times185\ mm^2$	万元/km	24.20
单回 10kV 线路（裸导线）	10	$1\times120\ mm^2$	万元/km	14.60
单回 10kV 线路（绝缘导线）	10	$1\times120\ mm^2$	万元/km	21.70
单回 10kV 线路（裸导线）	10	$1\times95\ mm^2$	万元/km	14.40
单回 10kV 线路（绝缘导线）	10	$1\times95\ mm^2$	万元/km	18.50
单回 10kV 线路（裸导线）	10	$1\times70\ mm^2$	万元/km	13.90
单回 10kV 线路（绝缘导线）	10	$1\times70\ mm^2$	万元/km	18.00
单回 10kV 线路（裸导线）	10	$1\times50\ mm^2$	万元/km	13.30
10kV 电缆工程（不含管沟）	10	$3\times300\ mm^2$	万元/km	93.00

续表

项目名称	电压等级/kV	规格型号	单位	综合造价
一、中压配电网				
10kV 电缆工程（不含管沟）	10	$3×240\ mm^2$	万元/km	77.00
10kV 电缆工程（不含管沟）	10	$3×150\ mm^2$	万元/km	57.00
10kV 电缆工程（不含管沟）	10	$3×95\ mm^2$	万元/km	39.00
10kV 电缆工程（不含管沟）	10	$3×70\ mm^2$	万元/km	34.00
10kV 电缆通道（土建）	10	16 线（行人）	万元/km	396.60
10kV 电缆通道（土建）	10	16 线（行车）	万元/km	472.70
10kV 电缆通道（土建）	10	12 线（行人）	万元/km	305.60
10kV 电缆通道（土建）	10	12 线（行车）	万元/km	349.10
10kV 电缆通道（土建）	10	6 线（行人）	万元/km	133.60
10kV 电缆通道（土建）	10	6 线（行车）	万元/km	185.10
10kV 电缆通道（土建）	10	PE 管（φ150 以上）	万元/km	35.80
10kV 电缆通道（土建）	10	HDPE 管（φ150 以上）	万元/km	37.40
无功补偿	10		元/kVar	660.00
SF6 全密封共箱型开闭所	10	单元	万元/台	10.00
SF6 全密封共箱型开闭所	10	单元	万元/台	12.00
柱上负荷开关	10	台	万元/台	3.00
400 V 低压无功自动补偿柜	10	台	万元/台	7.00
低压开关柜	10	台	万元/台	6.00
二、低压配电网				
单回 0.4/0.22 kV 交流线路	0.4	$1×240mm^2$	万元/km	27.90
单回 0.4/0.22 kV 交流线路	0.4	$1×120mm^2$	万元/km	19.70
单回 0.4/0.22 kV 交流线路	0.4	$1×95mm^2$	万元/km	12.60
单回 0.4/0.22 kV 交流线路	0.4	$1×70mm^2$	万元/km	8.80
单回 0.4/0.22 kV 交流线路	0.4	$1×50mm^2$	万元/km	6.90
单回 0.4/0.22 kV 交流线路	0.4	$1×35mm^2$	万元/km	4.30
单回 0.4/0.22 kV 交流线路	0.4	$1×240mm^2$	万元/km	83.00
单回 0.4/0.22 kV 交流线路	0.4	$1×70mm^2$	万元/km	31.00

第三节 项目建设时序决策

一、时序决策研究方法与意义

在各规划项目具体实施建设之前,细致评估每个规划项目的必要性和优先级,主要目的是为了对需要开展的规划建设项目按其重要性程度进行排序,从而在有限的资金允许下，合理选择和安排规划项目的建设，使得系统的可靠性和经济性达到最大。判断其重要程度的依据是综合考虑项目建设后对全网的可靠性提升程度和该规划项目的经济性来进行排序。目前而言，对于电网规划项目时序决策研究有以下三种方法。

第一种方法将经济性作为决策的目标，可靠性指标用于校验满足决策目标的方案，从而选出最佳方案。电网扩展规划的目的是寻找一个满足目标年用户对负荷的要求，并保证在正常及合理事故下正常供电的经济性最好的网络。以往的电网规划一直将经济性作为规划的目标，可靠性指标用于校验提出的经济性规划方案，规划中通常只要求满足确定性条件，如"N-1"校验等，而更少采用概率型指标，对某些低概率但是风险很大，后果很严重的故障并没有在电网规划过程给予足够的重视，为将来电网的安全运行留下了隐患。在电网规划过程中经济性一直受到高度重视，电网规划项目的经济性评估指标和研究方法也已经被深入研究。

第二种方法是综合评价法，通过采用模糊综合评判、层次分析法、主成分分析法等综合评判方法，对影响规划项目经济性的多个因素进行综合评判，最后可以根据综合评价结果对规划项目做出筛选。这种方法的优势在于它除了考虑可靠性和经济性之外，还考虑规划项目对电网的安全性、供电能力也会产生一定的影响，而电网规划综合评判决策影响因素较多且复杂，在众多评价指标中，既要考虑定量指标，又要考虑诸多定性指标，并且各指标间存在相互联系，因此电网综合评估研究是一个复杂的评判工作。

第三种方法是通过一定的方法来统计用户停电损失，将可靠性指标转化为货币化的经济性指标加入优化目标中，求得综合考虑可靠性和经济性的方案。这种方法在思路和观念上比第二种有很大改进，同时考虑了供电方的投资成本和用户的缺电损失，求得在二者综合意义上的最优。

本书对第二种决策方法加以改进，提出综合项目可靠性和经济性的电网建设项目排序方法。首先，基于建设项目的可靠性，在满足约束的条件下，形成多种不同的预选排序方案；然后对不同的排序方案进行综合指标评价，得到其中最优的排序方案。

二、时序决策约束条件

1）年度资金约束。对于电网投资来说，每年的投资金额会有额度限制，若超出预算，相应的建设项目应纳入后面的年份投产。

2）负荷的重要程度。考查项目所供地区负荷的性质，若负荷级别越高，同等条件下应该先考虑该项目。

3）网架约束。受网络关联的影响，输变电项目的投运先后顺序受到电网拓扑的限制，如作为某些变电站电源的变电站，必须先于或同时与某些变电站建设。当电源条件已经具备时，最优投运时间依据紧迫性要求；如电源条件不具备，而且没有过渡方案（指从其他供电片区获得电源），则把规划中变电站与该变电站作为一个组合；如电源条件不具备，但有过渡方案（指可以从其他片区获得电源），最优投运时间依据紧迫性要求。

4）电源规划约束：时序决策要考虑电源规划的内容。一要考虑地区新增电源项目、退役电源项目的影响；二要考虑新增电源的类型对时序决策的影响，如风电、光伏、水电电源的增加，都会产生不同的影响。

5）负荷预测约束：地区负荷预测也会对时序决策产生影响，负荷预测可以反映出未来几年或十几年地区的经济发展情况，这将对项目建设周期和进度产生影响。

三、时序决策方法概述

（1）项目可靠性影响

确定变电站重载界定值，以考察项建设的可靠性为准则，根据力电量平衡，基于每年的负荷预测，分析变电容量缺额，确定变电站建设的必要性。下面以"十三五"期间为例进行说明，具体步骤如下。

1）根据负荷预测结论，可以得到规划年在不考虑建站前提下的各变电站负荷预测值，由负荷预测值可以得到重载的变电站信息，形成重载变电站集合。

2）将重载变电站以负载率从高到低排序，并从待选项目中选择合适的建设项目，依次解决变电站重载问题，在此过程中应满足第二节所提出的约束条件。在此基础上提出新的站点解决方案。此时会有不同的选择方案，从中选择若干种，形成拟规划项目，以便后续择优。

3）将若干种不同方案的新建项目分别并入原始电网，可以得出在新站投运后各种方案的变电站负载率，并分析不同方案下各站的负荷值是否合理。

4）对2017～2020年采取同样的方法，得出每年电网的新建变电站及投产后各变电站负载率信息，从而得到初步的"十三五"期间待建项目排序方案。

（2）投资经济性影响

从经济效益的角度来分析电网建设项目组合方案的优劣，从考虑项目可靠性影响时形成的多种投资方案中选择出最优电网建设项目投资组合方案。

1）计算不同电网建设项目组合方案的评价指标，包括全网有功裕度指标、失负荷概率、电力不足期望值、净现值、内部收益率、动态投资回收期。

2）将计算得到的权重相加得到拟规划项目分数，通过拟规划项目分数的高低形成最优排序方案。

将上述步骤用流程图表示，如图9-3所示。

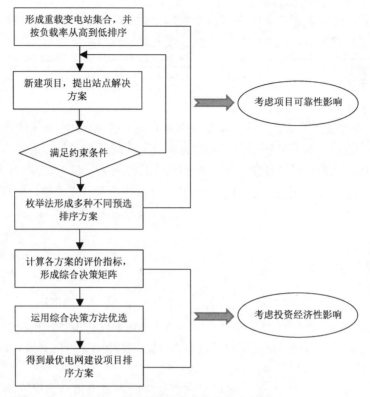

图 9-3　电网项目建设时序决策流程图

四、时序决策模型

1. 时序决策评价指标

（1）可靠性指标

1）有功裕度。在 P-V 分析法中，引入有功裕度指标 K_p：

$$K_p = \frac{P_{cr} - P_0}{P_0} \tag{9-6}$$

式中，K_p 为有功裕度指标；P_0 为节点初始状态的负荷大小；P_{cr} 为节点在临界崩溃点处的负荷大小。

K_p 表征负荷节点或供电区域随负荷增长或扰动保持稳定的能力。K_p 值最小的节点，表示该节点随负荷增长或扰动的稳定性最差，是系统中的薄弱节点，在系统负荷持续增加时，最有可能先发生电压崩溃问题。

在对电网建设项目进行综合评价时，全网有功裕度指标计算如下：

$$K_{PA} = \frac{1}{T} \sum_{t=1}^{T} K_{p,t} \tag{9-7}$$

式中，K_{PA} 为全网有功裕度指标；T 为考察的年份；$K_{p,t}$ 为第 t 年的全网有功裕度指标。

当进行实际计算时，我们通过电力系统分析软件 BPA 进行有功裕度的计算，其步骤如下。

①根据电网地理接线图、一次接线图、电网参数及各变电站负荷大小，可以得到变电站某一母线带的负荷。其负荷量只包括自身直接所带负荷，以及电压等级较小的母线从此母线获得的有功负荷，不考虑同一电压等级母线间流动的有功功率。

②保持某一条母线在负荷功率因数恒定的情况下，统一按比例逐渐增加有功和无功功率，直至系统处于临界状态。在进行计算时，负荷的和分量每次增长，直到潮流计算结果不收敛，并将最后一次收敛的结果作为临界点。在模拟某节点有功和无功负荷增长时，可以计算得到每次模拟的母线节点电压，从而可以得到足够多的绘制曲线所需的坐标点。

③根据获得的坐标点，画出曲线。

④根据 P-V 曲线和式（9-6），可以计算出有功裕度。

⑤对所有节点进行模拟计算得到分析结果。在进行全网有功裕度指标计算叶，可以选择某一变电站具有代表性的母线进行分析，对全网有功和无功负荷之和进行模拟增长，观察其母线电压变化情况。这样，可以得到该节点一系列的 P-V 数据，从而绘制图形，计算全网有功裕度指标。

2）失负荷概率（loss of load probability，LOLP）表示由于系统元件容量不足导致失负荷的可能性的大小，其表达式为

$$L_{LOLP} = \sum_{x \in X} I_f(x) P(x) \tag{9-8}$$

式中，$I_f(x)$ 表示以系统状态 x 为自变量的函数：

$$I_f(x) = \begin{cases} 0, & \text{正常状态} \\ 1, & \text{错误状态} \end{cases} \tag{9-9}$$

$P(x)$ 表示系统处于状态 x 的概率；可以按下面的方式计算，对于元件 k，设其故障率为 λ_k（次/年），修复率为 μ_k（次/年），平均修复时间为 r_k（小时/年），则

$$P(S_K = 0) = \mu_k / (\lambda_k + \mu_k) = 8760 / (\lambda_k r_k + 8760)$$
$$P(S_K = 1) = \lambda_k / (\lambda_k + \mu_k) = \lambda_k r_k / (\lambda_k r_k + 8760) \tag{9-10}$$

当然这只是一个元件的状态概率。若电力系统中含有 N 个独立元件，系统状态概率则等于其中每个元件状态概率的积。

3）期望负荷削减量（expected energy not served，EENS）表示系统每年平均

电量缺供的多少，单位为 MW·h/年，其表达式为

$$L_{EENS} = \sum_{x \in X} I_f(x) L_c(x) t(x) P(x) \tag{9-11}$$

式中，$t(x)$ 表示从故障系统状态下 x 切负荷到恢复负荷供电的持续时间；$L_c(x)$ 表示在系统故障状态下，为将系统恢复到静态安全运行点所必需的最小负荷削减量。

（2）经济性指标

由于在电网规划期通常以 5 年为单位，时间跨度长，考虑资金的时间价值将使得规划项目的经济性评估更为准确。本书拟采用动态经济性评估指标，动态经济性评价指标主要有以下几个。

1）净现值。在计算期内，按一定的折现率计算的各年净现金流量现值，然后求出它们的代数和，其表达式为

$$NPV = \sum_{t=1}^{n} (CI - CO)_t (1+i)^{-t} \tag{9-12}$$

其中，CI 表示现金流入量，CO 表示现金流出量，n 为指定的折现率，i 为项目的计算周期，t 表示现金流量发生在第 t 年。

现金流入量 CI 和现金流出量 CO 的计算方法如下：

对于以上两个指标均包含了现金流入量 CI 和现金流出量 CO。在以往的规划评估过程中，对于规划项目的经济性评估，通常只考虑在建设初期的电网的一次性投资成本，而很少考虑电网的运行维护费用及设备报废费用。现金流出量 CO 包括电网投资成本 IC、电网运行维护成本 OC 和报废成本 DC。

电网投资成本 IC 包括新建线路和变电站的土地和建设费用，设长度为 l_i 线路 i 单位公里造价为 p_i，n_l 为规划项目中新建的线路总数，n_{T1} 为新建变电站数量，α_j 为新建变电站 j 的投资，n_{T2} 为扩容变电站数量，β_k 为变电站 k 扩容的投资，因此对于建设年限为 T，年利率为 r 的电网，投资成本为

$$IC = \left(\sum_{i=1}^{n_l} p_i l_i + \sum_{i=1}^{n_{T1}} \alpha_j + \sum_{i=1}^{n_{T2}} \beta_k \right) \frac{r(1+r)^r}{(1+r)^r - 1} \tag{9-13}$$

电网运行维护成本 OC 包括网损成本、电网运行成本、设备检修成本等。通常按投资成本的百分比系数进行估算。根据文献中的参考数据，百分比系数 K_1 通常取 5%～10%，本书取为 10%。

$$OC = K_1 \cdot IC \tag{9-14}$$

由于电网在实际运行过程中存在设备的更新换代现象，报废成本 DC 即为设备的处理成本和残值。系统中某些设备的正常报废是为了提高供电可靠性而实施的提前报废，因此将产生一定残值。计算公式如下：

$$DC = K_2 \cdot IC - \frac{IC}{(1+r)^N} \qquad (9\text{-}15)$$

式中，K_2 为报废设备的处理系数，r 为年均折旧系数，N 为研究寿命周期。根据相关研究中的建议值，报废设备的处理系数 K_2 取 5%，年均折旧系数 r 取 0.12。

由以上公式，可得电网的现金流出量 CO：

$$CO = IC + OC + DC \qquad (9\text{-}16)$$

而电网的现金流入量 CI 主要包括售电收益的增加 ΔPSB。由于电网规划项目的建设，电网的供电能力得到提升，售电量也相应增加，这部分即为售电收益的增加 ΔPSB，售电收益 ΔPSB 的计算公式为

$$\Delta PSB = \sum_{i=1}^{n_l} \rho_i P_{mi} T_i (1 - PF_i) - \sum_{i=1}^{n_g} \eta_k P_{Gk} t_k \qquad (9\text{-}17)$$

式中，n_l 为负荷节点的个数；ρ_i 为负荷节点 i 的销售电价；P_{mi} 为负荷节点 i 的最大负荷；T_i 为负荷节点 i 的最大负荷利用小时数；PF_i 为负荷节点 i 的停电概率；n_g 为发电机节点的个数；η_k 为发电机节点 k 的上网电价；P_{Gk} 为发电机节点 k 的发电功率；t_k 为发电机节点 k 的年供电时间。

2）内部收益率是项目投资实际可望达到的报酬率，这一报酬率使投资项目的净现值为零，也称为内含报酬率，它是项目贷款利率的最大限度。其表达式为

$$NPV = \sum_{t=1}^{n} (CI - CO)_t (1 + IRR)^{-t} = 0 \qquad (9\text{-}18)$$

3）动态投资回收期是指在考虑货币时间价值的条件下，以投资项目净现金流量的现值抵偿原始投资现值所需要的全部时间，其表达式为

$$\sum_{t=1}^{P_s} (CI - CO)_t (1 + i)^{-t} = 0 \qquad (9\text{-}19)$$

求出动态投资回收期后与电力行业的平均动态投资回收期对比，如果低于平均值则认为项目可行。

2. 确定指标权重

对综合决策方法来说，对各评价指标赋权是计算过程中的重要环节。通常权重的确定方法主要有主观赋权法、客观赋权法和组合赋权法。当采用主观赋权法时，这种赋权方法虽然能较好地反映专家的经验和意见，但是过于依赖决策者的主观判断，其所确定的权重主观因素较多，往往不能反映各评价指标的实际，有失合理性和公平性。客观赋权法虽不随主观因素而变化，但是有时也可能出现权重系统与实际相违背的情况，即不重要的指标具有较高的权重系数，而最重要的

指标不一定有最大的权重系数。组合赋权法可以较好综合上述两种方法的特点，既能体现决策者对于评价指标的主观意愿，又能反映指标权重系数的客观真实性，信息熵方法具备这一特点。

熵表征了一个物质系统中能量衰竭程度的量度。信息是消除了系统不确定性而得到的东西，信息熵反映了信息无序化的程度，具有一定的客观性。

当信息熵越小，熵权越大时，信息向决策者提供的信息效用值就会越大。反之，熵权越小，信息效用值就会越小。目前，信息熵方法用来确定权重已在社会经济、工程技术等各领域得到了广泛应用。

在实际应用中，由于形成的决策矩阵包含一定量的信息，信息熵法可以基于决策矩阵确定属性权重，涵盖了主观和客观两个方面，既反映了专家意见，又能反映各评价指标的实际。考虑 m 个方案、n 个属性的综合决策问题的决策矩阵 $\boldsymbol{D}$，信息熵方法确定权重步骤如下：

$$\boldsymbol{D} = \begin{bmatrix} x_{11} & x_{12} & \cdots & x_{1n} \\ x_{21} & x_{22} & \cdots & x_{2n} \\ \vdots & \vdots & & \vdots \\ x_{m1} & x_{m2} & \cdots & x_{mn} \end{bmatrix} \tag{9-20}$$

1）确定方案关于 j 属性的评价 p_{ij}：

$$p_{ij} = \frac{x_{ij}}{\sum_{i=1}^{m} x_{ij}}, \forall i, j \tag{9-21}$$

2）确定方案关于 j 属性的熵 E_j：

$$E_j = -k \sum_{i=1}^{m} p_{ij} \ln p_{ij}, \forall j \tag{9-22}$$

式中，k 为常量，$k = 1/\ln m$。

3）确定信息偏差度 d_j：

$$d_j = 1 - E_j \tag{9-23}$$

4）确定平均权重。如果决策者没有属性间的偏好，根据不确定理论可以认为这 n 个属性具有相同的偏好。因此，代替平均权重的最好方法是定义权重 ω_j 的值为

$$\omega_j = \frac{d_j}{\sum_{j=1}^{n} d_j}, \forall j \tag{9-24}$$

5）确定指标权重。如果决策者对于属性集有偏好，赋予主观权重为 λ_j，那么

可以在平均权重 ω_j 的基础上进一步修正权重，得到比较准确的估计 ω_j^0 如下

$$\omega_j^0 = \frac{\lambda_j \omega_j}{\sum\limits_{j=1}^{n} \lambda_j \omega_j}, \forall j \tag{9-25}$$

3．简单加权法排序

简单加权法是目前广泛使用的综合决策方法之一，它的特点是应用简单、结果可信度高。其主要思想是通过每个属性值测度比率与赋予属性的重要性权重相乘，然后将所有属性乘积结果相加，便能获得每个预选方案的总分。每个方案总分计算后，其中最高分值的方案就是决策者需要的方案，即最优方案。简单加权法的计算步骤如下。

1）归一化决策矩阵中成本型和效益型指标属性。将决策矩阵规范为可以进行数量比较的决策矩阵。

对于效益型指标属性，转换方法如下：

$$r_{ij} = \frac{x_{ij}}{x_j^+} \tag{9-26}$$

其中，$x_j^+ = \max\limits_{i \in M} x_{ij}$。很明显 $0 \leqslant x_{ij} \leqslant 1$，当越接近 1 时，$r_{ij}$ 结果越令人满意。对于成本型指标属性，x_{ij} 转换方法如下：

$$r_{ij} = \frac{\dfrac{1}{x_{ij}}}{\max\limits_{i \in M}\left(\dfrac{1}{x_{ij}}\right)} = \frac{\min\limits_{i \in M} x_{ij}}{x_{ij}} = \frac{x_j^-}{x_{ij}} \tag{9-27}$$

式中，$x_j^- = \min\limits_{i \in M} x_{ij}$

2）确定方案的优劣。利用上节的信息熵方法可以赋予各属性权重，$\omega_j = (\omega_1, \omega_2, \omega_3, \cdots, \omega_n)$，那么，确定最佳方案 A^+ 如下：

$$A^+ = \left\{ A_i \middle| f(A_i) = \max\limits_{i \leqslant j \leqslant m}\left[\left(\sum_{j=1}^{n} \omega_j x_{ij}\right) \middle/ \sum_{j=1}^{n} \omega_j\right] \right\} \tag{9-28}$$

式中，x_{ij} 为第 i 个方案关于第 j 个属性的数量化测度结构；x_{ij} 为加性加权函数。权重是标准化的，所有 $\sum\limits_{j=1}^{n} \omega_j = 1$。

将基于信息熵的简单加权法用流程图表示，如图 9-4 所示。

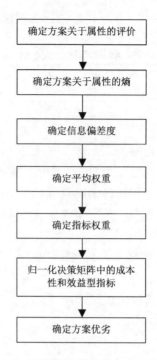

图 9-4 基于信息熵的简单加权法排序流程图

五、实例分析

本书以某地区"十三五"规划为例,按照上述原理和方法,形成了多套用于预选的电网建设项目排序方案,具体如下。

(1)考虑可靠性影响的项目排序方案

根据 2016 年的负荷预测结果,如果无新建变电站项目投产运行,将导致稳坪站、沙溪站、高山站、打磨丫站、荆角站重载,为解决上述站的用电紧张问题,在满足约束的条件下,应将以下项目加入本年度待建项目投产计划:桶井站、沙溪站、高山站、打磨丫站、荆角站的扩建工程。各投产项目与所缓解重载变电站供电压力的对应关系见表 9-2。

表 9-2 2016 年投产项目与缓解重载变电站关系

投产项目名称	缓解重载变电站名称
稳坪站	桶井站
沙溪站	沙溪站
高山站	高山站
打磨丫站	打磨丫站
荆角站	荆角站

新建项目投入运行后，各站过负荷的情况基本得到解决。各站负载情况处于合理水平，在一定程度上缓解了重载变电站供电压力紧张的问题。

根据2017年的负荷预测结果，如果无新建变电站项目投产运行，将导致德江站、新寨站、城区站、潮砥站重载，为解决上述站的用电紧张问题，在满足约束的条件下，应将以下项目加入本年度待建项目投产计划：钱家站、新寨站、城区站、潮砥站的扩建工程。各投产项目与所缓解重载变电站供电压力的对应关系见表9-3。

表9-3　2017年投产项目与缓解重载变电站关系

投产项目名称	缓解重载变电站名称
德江站	钱家站
新寨站	新寨站
城区站	城区站
潮砥站	潮砥站

新建项目投入运行后，各站过负荷的情况基本得到解决。各站负载情况处于合理水平，在一定程度上缓解了重载变电站供电压力紧张的问题。

根据2018年的负荷预测结果，如果无新建变电站项目投产运行，将导致共和站、煎茶站、楠杆站重载，为解决上述站的用电紧张问题，在满足约束的条件下，应将以下项目加入本年度待建项目投产计划：共和站、煎茶站、楠杆站的扩建工程。各投产项目与所缓解重载变电站供电压力的对应关系见表9-4。

表9-4　2018年投产项目与缓解重载变电站关系

投产项目名称	缓解重载变电站名称
共和站	共和站
煎茶站	煎茶站
楠杆站	楠杆站

新建项目投入运行后，各站过负荷的情况基本得到解决。各站负载情况处于合理水平，在一定程度上缓解了重载变电站供电压力紧张的问题。

根据2019年的负荷预测结果，如果无新建变电站项目投产运行，将导致枫香溪站、老场站、闹水岩站重载，为解决上述站的用电紧张问题，在满足约束的条件下，应将以下项目加入本年度待建项目投产计划：枫香溪站、老场站、闹水岩站的扩建工程。各投产项目与所缓解重载变电站供电压力的对应关系见表9-5。

表9-5　2019年投产项目与缓解重载变电站关系

投产项目名称	缓解重载变电站名称
枫香溪站	枫香溪站

投产项目名称	缓解重载变电站名称
老场站	老场站
闹水岩站	闹水岩站

新建项目投入运行后，各站过负荷的情况基本得到解决。

根据 2020 年的负荷预测结果，如果无新建变电站项目投产运行，将导致汪家坝站、合兴站、泉口站重载，在满足约束的条件下，应将以下项目加入本年度待建项目投产计划：汪家坝站、合兴站、泉口站的扩建工程。各投产项目与所缓解重载变电站供电压力的对应关系见表 9-6。

表 9-6　2020 年投产项目与缓解重载变电站关系

投产项目名称	缓解重载变电站名称
汪家坝站	汪家坝站
合兴站	合兴站
泉口站	泉口站

新建项目投入运行后，各站过负荷的情况基本得到解决。

综上所述，"十三五"期间方案的电网建设项目排序方案见表 9-7～表 9-10。

表 9-7　方案 1 的电网建设项目排序方案汇总表

年份	投产项目名称
2016	汪家坝站、桶井站、沙溪站、高山站、打磨丫站、荆角站
2017	德江站、新寨站、城区站、潮砥站
2018	共和站、煎茶站、楠杆站
2019	枫香溪站、老场站、闹水岩站
2020	汪家坝站、合兴站、泉口站

表 9-8　方案 2 的电网建设项目排序方案汇总表

年份	投产项目名称
2016	汪家坝站、桶井站、沙溪站、高山站、打磨丫站、荆角站
2017	德江站、煎茶站、楠杆站、潮砥站
2018	汪家坝站、老场站、闹水岩站
2019	枫香溪站、新寨站、合兴站
2020	共和站、城区站、泉口站

表 9-9　方案 3 的电网建设项目排序方案汇总表

年份	投产项目名称
2016	汪家坝站、桶井站、沙溪站、高山站、楠杆站
2017	打磨丫站、荆角站、德江站、煎茶站、潮砥站
2018	汪家坝站、老场站、闹水岩站、合兴站
2019	共和站、枫香溪站、新寨站
2020	城区站、泉口站

表 9-10　方案 4 的电网建设项目排序方案汇总表

年份	投产项目名称
2016	汪家坝站、荆角站、德江站、桶井站、高山站、楠杆站
2017	打磨丫站、煎茶站、潮砥站、沙溪站
2018	汪家坝站、老场站、闹水岩站、合兴站
2019	共和站、枫香溪站
2020	城区站、泉口站、新寨站

（2）考虑经济性影响的项目排序优化方案

本阶段主要进行 4 个方案各项指标的计算，形成综合属性决策所需要的决策矩阵，并实现预选方案的优选。在电网建设项目方案的评价指标体系中，以全网有功裕度指标、净现值、内部收益率为效益型指标，即数值越大越理想，LOLP、EENS、动态投资回收期为成本型指标，数值越小越理想。

1）确定决策矩阵。在计算可靠性指标时，主要针对上述可靠性指标的计算；在计算经济性指标时，评估中的事故对象为所有运行的线路，由于两条线路同时故障的概率较小，仅考虑单一线路的故障，并对其进行模拟开断和计算。经计算得到如表 9-11 所示的决策矩阵。

表 9-11　决策矩阵数据

指标	有功裕度指标	LOLP	EENS	累计净现值/万元	内部收益率/%	动态投资回收期/年
方案 1	0.729	0.003 78	39.782	97 358	17.99	8.93
方案 2	0.771	0.031 89	33.478	89 615	16.92	11.28
方案 3	0.726	0.027 8	42.471	87 917	16.23	9.17
方案 4	0.671	0.036 0	45.381	92 917	16.67	11.64

2）信息熵方法确定权重。采用上述信息熵方法计算出各属性的权重，结果如表 9-12 所示。

表 9-12　各属性权重值

指标	有功裕度指标	LOLP	EENS	累计净现值/万元	内部收益率/%	动态投资回收期/年
权重	0.016 7	0.728 2	0.261 8	0.038 2	0.041 7	0.041 8

3）简单加权法计算优化排序结果。由简单加权法计算得到各方案的加权平均值，结果如表 9-13 所示。

表 9-13　不同方案排序优化结果

方案	方案 1	方案 2	方案 3	方案 4
加权平均值	0.995 3	0.890 1	0.981 9	0.821 7

由表 9-13 可以看出，方案 1 的排序结果最为优秀，其次为方案 3，再次为方案 2，最后为方案 4。

（3）结果分析

方案 1 的指标计算结果表明：

1）可靠性高。方案 1 能使电网的有功裕度指标处于合理水平，承受负荷增长能力较强，发生静态电压稳定问题的可能性小。可靠性指标表明电网发生失负荷概率不大，发生低电压、过负荷风险小。

2）经济性合理。内部收益率 17.99%，大于算例中采用的基准收益率 6.5%，动态投资回收期为 8.93 年，小于计算期 20 年，可以保证资金的回收。

3）综上所述，投资方案 1 在技术和经济上是合理的，可以用于电网建设项目投产和运行。

第四节　本 章 小 结

本章首先对电网规划项目的建设与管理进行综述，表明了项目建设与管理的目的；然后对项目建设与管理的内容进行分析，总结了项目建设的流程及项目入库的原则与方法；接着分析了投资估算，介绍了电网项目中的投资项目的种类，阐述了电网项目投资估算的作用、内容和常用的方法；最后对项目建设时序问题进行了详细分析，说明了项目建设时序决策的约束条件及意义，重点考虑了电网可靠性和投资经济性对项目建设时序的影响，采用了简单易行的时序决策模型对规划项目进行排序，并通过实例进行了论证说明。

第十章 规划成果评价体系

目前，我国不断加大电网建设的投资力度，电力企业投资的是否恰到好处，投资是否能够带来良好的效益，已经成为广泛关注的问题。电网规划不定性因素多，系统性强，包含多个工程领域，所以实施起来较复杂。电网规划方案虽是事先预测，但它与电网的历史和未来发展趋势都紧密相关，也就是说电网规划方案本身的优劣程度对电网的经济技术水平有着至关重要的影响。在制定电网规划方案的时候，需要建立在科学预测电网的未来发展趋势的基础之上，较为准确地掌握电网的建设发展情况和运行水平，保证制定的电网规划方案能够适应未来电网发展的需要。所以这就体现了对电网规划方案开展综合评价工作的重要性。

电网规划评价旨在对电力企业的电网规划工作情况进行全面科学的衡量和评估，通过全面评价规划方案的技术可行性和经济合理性等，得出相应结论，包括规划方案是否能够改善电网的现状情况，以及是否能实现预期所要达到的目标和满意度标准，从而有的放矢地改进和创新电网规划的方法，使电网规划的工作更加精细化，使其能够不断满足经济社会发展新形势下对电网建设和发展提出的新要求。

随着现代众多综合评价算法理论的不断深化与发展，越来越多的算法被用到电网规划方案的综合评估与决策中。基于实际电网规划流程，将电网规划分为技术、经济、其他三类评价指标，根据电网规划流程，建立如图 10-1 所示的体系，采用科学的理论方法对规划方案进行全面、客观、综合的评价，从而实现从众多待选方案中选取最佳规划方案。

第一节 经 济 评 价

经济评价是电网规划方案评价的一个重要组成部分。为了确定某一规划方案，除了分析该方案是否在技术上先进、可靠和适用外，还要分析该方案在经济上是否合理。只有对经济技术进行综合比较，才能确定最佳方案。电网规划方案经济评价是电网建设项目决策科学化、民主化，减少和避免决策失误，提高项目建设经济效益的重要手段。

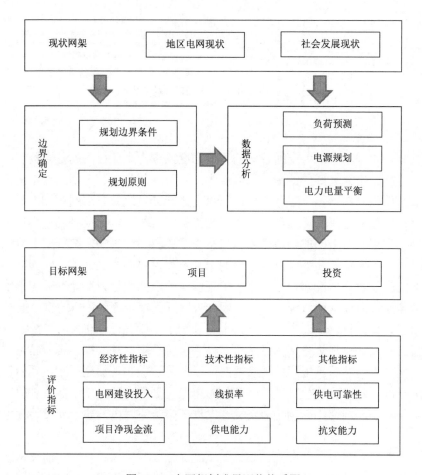

图 10-1　电网规划成果评价体系图

　　电网规划方案的判别结论可能随着建设资金的充足程度而变化，所以首先应该结合建设资金的限制状况与待评价方案的数目，把电网规划方案的经济性评价划分成多种类型；在开展不同类型的经济性评价的时候，把影响电网主要网架经济评价的重点因素归纳为技术经济评价因素、财务评价等方面，并且在此基础之上更深一步创建可以更好反映电网规划方案特征的标准体系。

　　在评价方法的选择上，目前国内国际通行的做法主要是选用传统工程经济的方法从经济效益和经济效率等方面对项目进行财务评估和国民经济评估。针对预测和估算中源信息的不确定性，还需要对项目进行敏感性分析。要使得电网的建设可以迎合社会的进步及其自身发展的需求，就一定要选择科学的规划方案，所以电网规划方案的经济性评价是电网建设之前一项非常重要的工作。电网经济性评价体系见图 10-2。

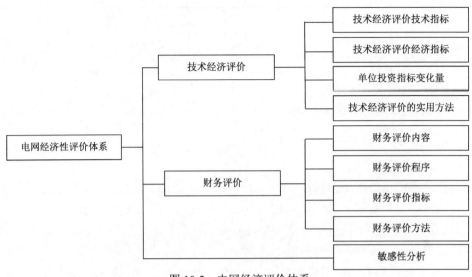

图 10-2 电网经济评价体系

一、技术经济评价

技术经济评价是指对规划项目各备选方案进行技术比较、经济分析和效果评价，评估规划项目在技术、经济上的可行性及合理性，为投资决策提供依据。技术经济评价可确定供电可靠性和全寿命周期内投资费用的最佳组合。技术经济评价指标体系结构如图 10-3 所示。

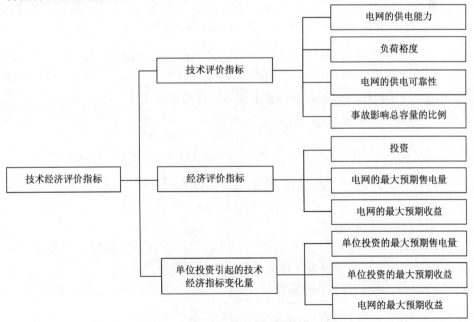

图 10-3 技术经济评价指标体系结构

1. 技术经济评价的技术指标

1）电网的供电能力；

2）负荷裕度；

3）电网的供电可靠性；

4）事故影响总容量的比例。

2. 技术经济评价的经济指标

（1）投资的定义

投资不仅指电网中的设备造价，还综合考虑了电网中设备的运行寿命、初期投资和运行维护费用。若以年为时间单位，并认为电网的某些性能如供电能力是电网的产品，则该年内电网产生该产品必然会伴随有一定的成本和费用，主要包括固定资产的折旧和运行维护的费用。

（2）电网的最大预期售电量

在考虑了可靠性和线损之后，可以得到电网的最大预期售电量，由式（10-1）表示：

$$E_{\max} = C_a \times (1 - \Delta A\%) \times T \times ASAI \tag{10-1}$$

式中，$E_{\max}$ 为电网的最大预期售电量；C_a 为电网供电能力；$ASAI$ 为系统平均供电可用率指标；$\Delta A\%$ 为电网的线损率。

（3）电网的最大预期收益

$$F_S = E_{\max} \times p_{out} - C_a \times T_{\max} \times ASAI \times p_{in} \tag{10-2}$$

式中，F_S 为电网的最大预期售电收益；$E_{\max}$ 为电网最大预期售电量；p_{out} 为研究范围内的平均销售电价；p_{in} 为研究范围内的平均购电电价。这一指标，将供电能力等影响电网经济性的因素以预期售电收益的形式加以表现。

3. 单位投资引起的技术经济指标变化量

（1）单位投资的最大预期售电量

$$单位投资的最大预期售电量 = \frac{E_{\max}}{C_{all}} \tag{10-3}$$

式中，C_{all} 为电网的总投资。

该指标反映了在单位投资下，电网每年可以提供给用户的最大预期电量，该指标的值越大，电网单位投资对最大预期售电量的贡献度就越大。

（2）单位投资的最大预期收益

$$单位投资的最大预期收益 = \frac{F_S}{C_{all}} \tag{10-4}$$

该指标反映了电网投资对电网最大预期收益的贡献度。可以看出，预期收益除了反映电网的供电能力外，还反映了售购电价格、供电可靠性、线损等因素的影响，而电网投资则反映了各影响因素对应的建设投入，可以看作成本。很明显，指标的值越大，电网的经济性就越好。

二、技术经济评价的实用方法

电力企业在规划项目的评价和审批过程中主要使用 4 种规划评估方法，即最小费用评估方法、收益/成本（B/C）评估方法、收益增量/成本增量（iB/C）评估方法和利润驱动评估方法。

1. 最小费用评估方法

最小费用评估方法是一种采用标准驱动、最小费用、面向项目的评估和选择过程，用以确定各个项目的投资规模及相应的分配方案，是单属性规划。这种方法认为资金来源是无限的，不管投资多大，其利润率是在固定的价值体系下确定的，因此难以应对定额预算的需求，只适用于传统电力企业的监管方法及财务结构。计算过程如图 10-4 所示。

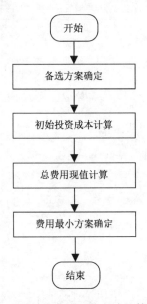

图 10-4　最小费用评估方法计算流程

2. 收益/成本评估方法

收益/成本评估方法（下称 B/C 法），以收益与成本二者的比值来确定项目的优点，为多属性规划，是通过一个有效的比值来评估可选项目的评估和选择过程。

项目的收益/成本的值越高，意味着收益也越多，并能够通过审批。而收益少于投资的项目则不能通过审批。当需要评估特殊的检修项目或需求侧管理（DSM）项目计划时，规划人员通常会采用这种方法。计算流程如图 10-5 所示。

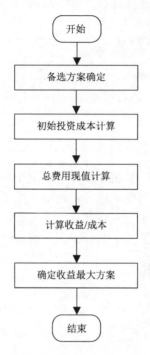

图 10-5　B/C 法计算流程图

3. 收益增量/成本增量评估方法

收益增量/成本增量评估方法（下称 iB/C 法）是基于收益增量与成本增量比值的评估方法，为多属性规划，这个比值有时也称为 B/C 增量比、B/C 边际比，其中收益增量是当前方案与相邻方案（比当前方案收益稍差的方案）间的收益差值，成本增量是当前方案与相邻方案间的投资成本差值。基本计算流程如图 10-6 所示。

4. 利润驱动评估方法

利润驱动评估方法认为，投资机会是无限的。在任何一个机会中，投资超过某一个数量后利润率通常会降低，决策的重点是通过选择投资方向和投资对象来努力维持总利润率，一味寻求投资回报率最大化，为单属性规划。从某种意义上说，利润驱动法与传统最小费用法是决策方法的两个极端。最小费用评估方法认为，资金来源是无限的。这种方法不管投资多大，利润率是在固定的价值体系下确定的。利润驱动评估方法不适用于受监管电力企业规划人员。

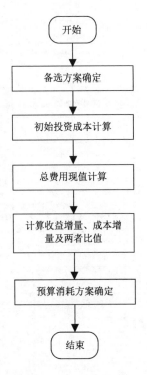

图 10-6　iB/C 法计算流程图

三、财务评价

1. 财务评价的内容

财务评价一般可分为融资前评价与融资后评价，这是因为每一个项目的决策包括投资决策和融资决策两部分。投资决策重在考察项目净现金流的价值是否大于投资成本，而融资决策重在考察资金筹措方案能否满足投资的要求。融资前分析针对项目投资折现现金流，分析项目的盈利能力，融资后评价针对项目资本折现现金流和项目投资各方折现现金流，分析内容既包括盈利能力分析，也包括生存能力和偿债能力分析等内容。

2. 财务评价的程序

财务评价的流程见图 10-7。

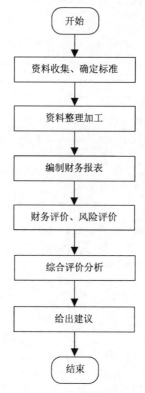

图 10-7　财务评价流程图

3. 财务评价指标

财务评价的主要指标如图 10-8 所示。

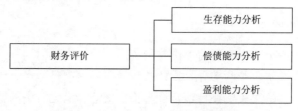

图 10-8　财务评价的主要指标表

1）盈利能力分析的主要指标包括项目投资财务内部收益率和财务净现值、项目资本金财务内部收益率、投资回收期、总投资收益率、项目资本金净利润率等，可根据项目的特点及财务分析的目的、要求等选用。

①财务内部收益率（financial internal rate of ruturn，FIRR）是指能使项目计算期内净现金流量现值累计等于零时的折现率，即 FIRR 作为折现率使式（10-5）成立：

$$\sum_{t=1}^{n}(CI-CO)_t(1+FIRR)^{-t}=0 \qquad (10-5)$$

式中，CI 为现金流入量；CO 为现金流出量；$(CO-CI)$ 为第 t 期的净现金流量；n 为项目计算期。

项目投资财务内部收益率、项目资本金财务内部收益率和投资各方财务内部收益率都依据式（10-5）计算，但所用的现金流入和现金流出不同。当财务内部收益率大于或等于所设定的判别基准 i_c，通常称为基准收益率，项目方案在财务上可考虑接受。项目投资财务内部收益率、项目资本金财务内部收益率和投资各方财务内部收益率可有不同的判别基准。

②财务净现值（financial net persent value，FNPV）是指按设定的折现率（一般采用基准收益率 i_c）计算的项目计算期内净现金流量的现值之和，可按式（10-6）计算：

$$FNPV = \sum_{t=1}^{n}(CI-CO)_t(1+i_c)^{-t} \tag{10-6}$$

式中，i_c 表示设定的折现率（同基准收益率）。

一般情况下，财务盈利能力分析只计算项目投资财务净现值，可根据需要选择计算所得税前净现值或所得税后净现值。按照设定的折现率计算的财务净现值大于或等于零时，项目方案在财务上可考虑接受。

③项目投资回收期 P_t 是指以项目的净收益回收项目投资所需要的时间，一般以年为单位。分静态投资回收期 P_{ts} 和动态投资回收期 P_{td} 两种。项目投资回收期宜从项目建设开始年算起，若从项目投产开始年计算，应予以特别注明。项目投资回收期可采用式（10-7）表达：

$$\sum_{t=1}^{P_t}(CI-CO)_t = 0 \tag{10-7}$$

项目投资回收期可借助项目投资现金流量表计算。项目投资现金流量表中累计净现金流量由负值变为零的时点，即为项目的投资回收期。投资回收期应按式（10-8）计算：

$$P_t = T-1+\frac{\left|\sum_{i=1}^{T-1}(CI-CO)_i\right|}{(CI-CO)_T} \tag{10-8}$$

式中，T 表示各年累计净现金流量首次为正值或零的年数。投资回收期短，表明项目投资回收快，抗风险能力强。

④总投资收益率（return on investment，ROI）表示总投资的盈利水平，是指项目达到设计能力后正常年份的年息税前利润或运营期内年平均息税前利润（earnings before interest and tax，EBIT）与项目总投资 IT 的比率；总投资收益率

应按式（10-9）计算：

$$ROI = \frac{EBIT}{TI} \times 100\% \qquad (10\text{-}9)$$

式中，$EBIT$ 表示项目正常年份的年息税前利润或运营期内年平均息税前利润；TI 表示项目总投资。总投资收益率高于同行业的收益率参考值，表明用总投资收益率表示的盈利能力满足要求。

⑤项目资本金净利润率 ROE 表示项目资本金的盈利水平，是指项目达到设计能力后正常年份的年净利润或运营期内年平均净利润 NP 与项目资本金 EC 的比率；项目资本金净利润率应按式（10-10）计算：

$$ROE = \frac{NP}{EC} \times 100\% \qquad (10\text{-}10)$$

式中，NP 表示项目正常年份的年净利润或运营期内年平均净利润；EC 表示项目资本金。

项目资本金净利润率高于同行业的净利润率参考值，表明用项目资本金净利润率表示的盈利能力满足要求。

2）偿债能力分析应通过计算利息备付率 ICR、偿债备付率 $DSCR$ 和资产负债率 $LOAR$ 等指标，分析判断财务主体的偿债能力。上述指标应按下列公式计算：

①利息备付率（interest coverage ratio，ICR）是指在借款偿还期内的息税前利润 $EBIT$ 与应付利息 PI 的比值，它从付息资金来源的充裕性角度反映项目偿付债务利息的保障程度，应按式（10-11）计算：

$$ICR = \frac{EBIT}{PI} \qquad (10\text{-}11)$$

式中，$EBIT$ 表示息税前利润；PI 表示计入总成本费用的应付利息。

利息备付率应分年计算。利息备付率应当大于1，并结合债权人的要求确定。利息备付率高，表明利息偿付的保障程度高。

②偿债备付率（debt service coverage ratio，DSCR）是指在借款偿还期内，用于计算还本付息的资金 $EBITAD - TAX$ 与应还本付息金额 PD 的比值，它表示可用于计算还本付息的资金偿还借款本息的保障程度，应按式（10-12）计算：

$$DSCR = \frac{EBITAD - TAX}{PD} \qquad (10\text{-}12)$$

式中，$EBITAD$ 表示息税前利润加折旧和摊销；TAX 表示企业所得税；PD 表示应还本付息金额，包括还本金额和计入总成本费用的全部利息。

融资租赁费用可视同借款偿还。运营期内的短期借款本息也应纳入计算。如果项目在运行期内有维持运营的投资，可用于还本付息的资金应扣除维持运营的投资。偿债备付率应分年计算，偿债备付率高，表明可用于还本付息的资金保障程度高。偿债备付率应大于 1，并结合债权人的要求确定。

③资产负债率（liability on asset ratio，LOAR）是指各期末负债总额 TL 同资产总额 TA 的比率，应按式（10-13）计算：

$$LOAR = (TL / TA) \times 100\% \qquad (10\text{-}13)$$

式中，TL 表示期末负债总额；TA 表示期末资产总额。

适度的资产负债率，表明企业经营安全、稳健，具有较强的筹资能力，也表明企业和债权人的风险较小。项目财务分析中，在长期债务还清后，可不再计算资产负债率。

3）财务生存能力分析，应在财务分析辅助表和利润与利润分配表的基础上编制财务计划现金流量表，通过考察项目计算期内的投资、融资和经营活动所产生的各项现金流入和流出，计算净现金流量和累计盈余资金，分析项目是否有足够的净现金流量维持正常运营，以实现财务可持续性。

4．财务分析的实用方法

（1）最小费用法

最小费用法是电力系统规划经济分析应用较普遍的方法，适用于比较效益相同或效益基本相同但难以具体估算的方案。最小费用法有如下不同的表达方式。

1）费用现值比较法

费用现值比较法是将各方案基本建设期和生产运行期的全部支出费用均折算至计算期的第一年，使用现值抵押的方案是可取的方案。通用表达式为

$$P_{\omega} = \sum_{t=1}^{n} (I + C' - S_v - W)_t (1+i)^t \qquad (10\text{-}14)$$

式中，$(1+i)^t$ 为折现系数；P_{ω} 为费用现值；I 为全部投资（包括固定资产投资和流动资金）；C' 为年经营总成本；S_v 为计算期末回收固定资产余值；W 为计算期末回收流动资金；i 为电力工业基准收益率或折现率；n 为计算期。

2）计算期不同的现值费用比较法

电力系统规划中，如参加比较的方案计算期不同（如水、火电源方案比较），则不能简单地按式（10-14）计算不同方案的现值费用。一般可按各方案中计算期最短的计算，其表达式为

$$P_{\omega 1} = \sum_{t=1}^{n_1} (I_1 + C_1' - S_{v1} - W_1)_t (1+i)^{-t} \qquad (10\text{-}15)$$

$$P_{\omega 2} = [\sum_{t=1}^{n_2}(I_2 + C_2' - S_{v2} - W_1)_t(1+i)^{-t}]\left[\frac{i(1+i)^{n_2}}{(1+i)^{n_2}-1}\right]\left[\frac{(1+i)^{n_1}-1}{i(1+i)^{n_1}}\right] \quad （10-16）$$

式中，$\dfrac{i(1+i)^{n_2}}{(1+i)^{n_2}-1}$ 为第二方案的资金回收系数；$\dfrac{i(1+i)^{n_1}-1}{i(1+i)^{n_1}}$ 为第一方案的年金现值系数；I_1、I_2 为第一、二方案的投资；C_1'、C_2' 为第一、二方案的年运营总成本；S_{v1}、S_{v2} 为第一、二方案回收的固定资产余值；W_1、W_2 为第一、二方案回收的流动资金；n_1、n_2 为第一、二方案的计算期（$n_2 > n_1$）。

3）年费用比较法

年费用比较法是将参加比较的诸方案计算期的全部支出费用折算成等额年费用后进行比较，年费用低的方案为经济上优越方案。计算期不同的方案宜采用年费用法。计算方法只是将式（10-14）的费用现值再乘以资金回收系数，通用的年费用表达式为

$$A_C = [\sum_{t=1}^{n_2}(I + C' - S_v - W)_t(1+i)^{-t}]\left[\frac{i(1+i)^n}{(1+i)^n-1}\right] \quad （10-17）$$

式中，$\dfrac{i(1+i)^n}{(1+i)^n-1}$ 为资金回收系数。其余符号的含义同式（10-14）。

式（10-17）为原国家计委颁布的计算方法。原电力工业部颁发的《电力工程经济分析暂行条例》的年费用计算式为

$$A_{Cm} = I_m\left[\frac{i(1+i)^n}{(1+i)^n-1}\right] + C_m' \quad （10-18）$$

式中，A_{Cm} 为折算到工程建成年的年费用；I_m 为折算到工程建成年的总投资；C_m 为折算到工程建成年的运营成本。其余符号含义同式（10-14）。

将式（10-18）展开后的全面计算式为

$$A_{Cm} = \left\{\sum_{t=1}^{m}I_t(1+i)^{m-t} + \left[\sum_{t=t'}^{m}C_t'(1+i)^{m-t} + \sum_{t=m+1}^{m+n}C_t'\frac{1}{(1+i)^{t-m}}\right]\right\}\frac{i(1+i)^n}{(1+i)^n-1} \quad （10-19）$$

式中，$m+n$ 为施工期加生产运行期；I_t 为施工期逐年投资；C_t' 为逐年运营费；m 为施工期；n 为生产运行期；t' 为开始投产年。

对比式（10-17）和式（10-19）可知，式（10-17）是将全部支出费用折算至现值后再折算为年费用，而且考虑了固定资产余值和流动资金的回收；式（10-19）是将全部支出费用折算至工程建成年后再折算为年费用，未表达出固定资产余值和流动资金两项费用的处理。

（2）净现值法

净现值是用折现率将项目计算期内各年的净效益折算到工程建设初期的现值之和。净现值率是反映该工程项目的投入与产出效益的全部费用。因而比较的项目都需具备较准确的用作经济评价的原始参数。它适用于项目决策的最后评估。采用净现值法比较，如果诸方案投资相同，净现值大的方案为经济占优势方案；若诸方案投资不同，需进一步用净现值率来衡量。其计算表达式为

$$ENPV = \sum_{t-1}^{n}(CI-CO)_t(1+i)^{-t} \qquad （10\text{-}20）$$

$$ENPVR = ENPV / I_p \qquad （10\text{-}21）$$

式中，$(CI-CO)$ 为第 t 年的净现金流量；$ENPV$ 为净现值；$ENPVR$ 为净现值率；CI 为现金流入量；CO 为现金流出量；I_p 为投资净现值。

净现值法又分为经济净现值法和财务净现值法，计算项目不尽相同，二者的比较见表 10-1。

表 10-1　经济净现值法与财务净现值法计算项目的比较

计算项目	经济净现值法	财务净现值法	计算项目	经济净现值法	财务净现值法
一、现金流入			二、现金流出		
1.产品销售收入	计算	计算	1.固定资产投资	计算	计算
2.回收固定资产余值	计算	计算	2.流动资金	计算	计算
3.回收流动资金	计算	计算	3.经营成本	计算	计算
4.项目外部效益	计算	不计算	4.销售税金	不计算	计算
5.计算转让费	计算	计算	5.营业外净支出	不计算	计算
6.资源税	不计算	计算	6.项目外部费用	计算	不计算

（3）内部收益法和差额投资内部收益法

1）内部收益率

内部收益率要先计算各比较方案的内部收益率，然后再互相比较，内部收益率大的方案为经济上占优势方案。但各比较方案的内部收益率均应大于电力工业投资基准收益率，因为低于电力工业投资基准收益率的方案，本身就是经济上不能成立的方案。内部收益率的计算表达式为

$$内部收益率 = \sum_{t=1}^{n}(CI-CO)_t(1+i)^{-t} \qquad （10\text{-}22）$$

式中，$(CI-CO)_t$ 为第 t 年的净现金流量；CI 为现金流入量；CO 为现金流出量。

2）差额投资内部收益率法

差额投资内部收益率法是由式（10-22）演化得来，其表达式为

$$\sum_{t=1}^{n}[(CI-CO)_2-(CI-CO)_1]_T(1+\Delta IRR)^{-t}=0 \qquad （10-23）$$

式中，$(CI-CO)_2$ 为投资大的方案净现金流量；$(CI-CO)_1$ 为投资小的方案净现金流量；ΔIRR 为差额投资内部收益率。

差额投资内部收益率用试差法求得，但大于或等于电力工业投资基准收益率或社会折现率时，投资大的方案较优；小于电力工业投资基准收益率或社会折现率时，投资小的方案较优。

（4）折返年限法及相关计算法

国家发展与改革委员会、建设部颁布的《建设项目经济评价方法与参数》中的静态差额投资回收期法就是折返年限法。该方法的优点是计算简单，资料要求少。缺点是以无偿占有国家投资为出发点，未考虑时间因素，无法计算推迟投资效果。投资发生于施工期，运行费发生于投资后，在时间上未统一起来；仅计算回收年限，未考虑投资比例多少，未考虑固定资产残值；多方案比较一次无法计算出。但由于计算简单，电力系统规划设计中简单方案的比较还可采用。折返年限法的计算表达式为

$$P_a=\frac{I_2-I_1}{C_1'-C_2'} \qquad （10-24）$$

式中，P_a 为静态差额投资回收期（折返年限）；I_1、I_2 为两个方案的投资比较；C_1、C_2 为两个比较方案的运行费用。

如果方案比较的指标不同，可按式（10-24）用产品单位投资和单位成本进行比较。式（10-24）亦可演化成式（10-25）用于计算，该方法称之为静态差额投资收益率 R。其表达式为

$$P_a=\frac{C_1'-C_2'}{I_2-I_1} \qquad （10-25）$$

式（10-25）计算的折返年限低于电力工业基准回收年限和式（10-25）计算的差额投资收益率大于电力工业基准收益率的方案为经济上优越方案。

将式（10-25）按不等式计算，其表达式为

$$\frac{C_1'-C_2'}{I_2-I_1}>i \qquad （10-26）$$

将式（10-26）还可以变换为

$$C_1'+iI_1>C_2'+iI_2 \qquad （10-27）$$

从式（10-27）看出，折算费用最小的方案为经济上最优的方案。其中，i 为电力工业投资基准收益率（或称投资效果系数）。

四、敏感性分析

在财务评价后，需要对规划项目进行敏感性分析，通常情况下以输送电量、输送价格、经营成本为敏感性因素，浮动值设定为±5%或±10%。敏感性评价指标一般为：内部收益率（$FIRR$）、全部投资净现值（$FNPV$）、静态投资回收期（P_{ts}）、动态投资回收期（P_{td}）。

在无特殊说明的情况下，这4个指标需满足式（10-28）的约束条件。

$$s.t. \begin{cases} FIRR > I_c \\ FNPV > 0 \\ P_{ts} < 建设期+经营期 \\ P_{td} < 建设期+经营期 \end{cases} \quad (10\text{-}28)$$

式（10-28）中，I_c 表示电力行业基准利率。

在一般情况下，通常对敏感性因素进行波动处理后，再分别分析各个评价指标的变化，这种分析方法不能体现所有评价指标之间的权重关系。当评价指标较多时，可以利用熵值计算法来进行综合评估，具体步骤框图如图10-9所示。

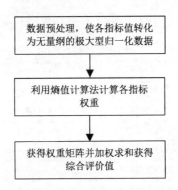

图10-9　熵权法综合评价流程图

通过熵权法综合评价后的各项指标，能够更加贴合实际地反映出规划项目的敏感性。

五、经济评价案例分析

以某市电网规划项目工程为例说明经济评估在电网规划中的应用。该项目计算期34年，其中建设4年，经营期30年。电力行业基准利率 I_c = 5.76%。项目现金流量表如表10-2所示。

表 10-2　现金流量表　　　　　　　　（单位：万元）

项目生命期	现金流入	现金流出	项目生命期	现金流入	现金流出
1	0	12 715.38	16	10 379.41	6 970.62
2	6 908.53	15 524.12	17	10 379.41	7 013.51
3	7 587.35	12 683.31	18	10 379.41	7 039.56
4	8 270.31	15 774.71	19	10 379.41	7 054.51
5	9 040.46	6 161.38	20	10 379.41	7 054.51
6	9 947.62	6 093.35	……	10 379.41	7 054.51
7	10 379.41	6 550.92	26	10 379.41	7 054.51
8	10 379.41	6 587.80	27	10 379.41	7 191.51
9	10 379.41	6 626.82	28	10 379.41	7 337.27
10	10 379.41	6 668.08	29	10 379.41	7 432.30
11	10 379.41	6 711.71	30	10 379.41	7 551.58
12	10 379.41	6 757.86	31	10 379.41	7 551.58
13	10 379.41	6 806.67	32	10 379.41	7 551.58
14	10 379.41	6 858.29	33	10 379.41	7 551.58
15	10 379.41	6 912.88	34	12 628.01	7 551.58

按照式（10-5）～式（10-10）计算的项目经济指标如表 10-3 所示。

表 10-3　经济指标

序号	项目	单位	指标
1	静态投资	万元	37 232.1
2	动态投资	万元	40 883.69
3	内部收益率	%	10.47
4	全部投资净现值	万元	5.67
5	静态投资回收期	年	18.3
6	动态投资回收期	年	29.9

由表 10-3 可知，对于本案例 $FIRR$= 10.47%＞5.76%，$FNPV$= 5.67＞0，P_{ts}= 18.3＜34，P_{td}=29.9＜34，经济上可行。

由于案例项目的生命期较长，需对项目进行简单敏感性分析。考虑工程建设投资、电量变化及电费加价变化对全部投资财务内部收益率、投资回收期分别造成的影响进行分析，具体结果如表 10-4 所示。

表 10-4　案例项目的敏感性分析评价指标

变化指标	变化幅度/%	$FIRR$/%	$FNPV$/万元	P_{ts}/年	P_{td}/年
不变	—	10.00	5.67	18.30	29.90

续表

变化指标	变化幅度/%	FIRR/%	FNPV/万元	P_{ts}/年	P_{td}/年
电量	5	11.41	1 577.61	17.44	26.92
	-5	7.88	-2 513.13	20.49	>34.00
投资	5	7.97	-2 536.59	20.35	>34.00
	-5	12.81	3 022.75	16.15	22.92
电价	5	12.66	3 024.04	16.27	22.94
	-5	7.88	-2 513.14	20.49	>34.00

从表 10-4 可以看出，投资、电量、电费加价的小幅变化不同程度地影响项目的内部收益率、财务净现值和投资回收期。当投资额增加或售电量减少时，可适当提高电量加价，以确保项目的顺利完成。该项目有一定的抗风险能力，项目可行。

第二节 线损评估

线损是电能在传输过程中所产生的有功、无功电能和电压损失的简称（在习惯上通常为有功电能损失）。电能从发电机输送到客户要经过各个输变电元件，这些元件都存在一定的电阻和电抗，电流通过这些元件时就会造成一定的损失；电能电磁交换过程中需要一定的励磁也会形成损失；另外，还有设备泄露、计量设备误差和管理等因素造成的电能损失。

这些损失的有功部分称为有功损失，习惯上称为线损，它以发热的形式通过空气和介质散发掉，有功电能损失（损失率）与输入端输送的有功电能量（有功功率）之比的百分数称为线损率，即

$$\Delta A\% = \frac{\Delta A}{A} \times 100\% \tag{10-29}$$

$$\Delta P\% = \frac{\Delta P}{P} \times 100\% \tag{10-30}$$

无功功率损失部分称为无功损失，无功损耗使功率因数降低、线路电流增大、有功损失加大、电压损失增加，并使发变电设备负载率降低。

电压损失称为电压降或压降，它使负载端电压降低，用电设备出力下降甚至不能正常使用或造成损坏。

一、线损的分类构成

依据不同的划分标准，可以将线损分为不同的类别。线损的分类一般有三种

方法。

（1）按损耗特点分

1）固定损失（或不变损失）。这部分损耗是电力网各个元件中与负荷电流变化关系不大的那部分损耗。因为只要设备带电，就有这种损失。固定损失主要包括以下几点。

①升压、降压变压器及配电变压器的铁芯损失；

②线路的电晕损失；

③调相机、调压器、互感器、电抗器、消弧线圈等设备的铁芯损失及电容器、绝缘子的损失；

④电度表电压线圈损失及电度表附件损失等。

2）可变损失。这部分损耗是电力网中各元件的电阻通过的电流平方成正比的损耗。电流越大，可变线损也越大，可变线损主要包括以下几点。

①送电线路和配电线路的电阻损失，即电流通过线路的损失；

②升压、降压及配电变压器的绕组电阻损失，即电流通过绕组时的损失；

③调相机、调压器、互感器、电抗器、消弧线圈等设备的电阻损失；

④接户线的电阻损失；

⑤电能表电流线圈及电流互感器的绕组电阻损失等。

3）其他损失。这部分损耗是电能损耗中除去固定损失和可变损失的其余部分，有多种成分构成，通常也视同管理损失。主要包括以下2点。

①漏电、窃电及电表误差等；

②变电所的直流充电，控制及保护，信号、设备通风冷却等设备消耗的电能；

（2）按损耗性质分

1）技术线损。在电力网输送和分配电能过程中，有一部分损耗难以避免，是由当时电力网的负荷情况和供电设备的参数决定的，可以通过理论计算得出，我们把这部分正常合理的电能损耗，称之为技术线损，又可称之为理论线损。

2）管理线损。在电力营销的运用过程中，为准确计量和统计，需要安装若干互感器、电能表等计量装置和表计，这些装置和表计都有不同程度的误差。又有漏抄、估抄、管理不善等原因引起的损耗。

（3）按损耗的等级和范围分

为了加强线损管理，推行和落实线损管理责任制，把线损按照电压等级进行下列分类。

1）一次供电损失（或主网损失），这部分损失，属网局、省局调度的送、变电设备（包括调相机的电能损耗），一般由网调（中调）与省调负责管理和考核。

2）二次供电损失（送变电损失或地区损失）。这部分损失，属供电局调度范围的供、变电设备的电能损失。包括营业漏电、违章、窃电与表计误差等造成的损耗，配电及不明损失，由基层供电企业负责管理和考核。

二、理论线损计算步骤

（1）明确内容和要求

在对电网进行理论线损计算时，首先要了解电网理论线损计算的内容和要求，对电网分压、分线、分台区进行分类，明确不同的类别的电网理论线损计算范围、计算内容和计算要求。

（2）资料的收集和整理

根据电网理论线损计算的内容与要求，收集进行电网进行理论线损计算所需要的各种资料。首先要收集有关电网结构的接线图、结构参数、运行数据等资料，尽量齐全。对收集到的资料进行分析和加工整理，对资料中的数据去伪存真，提高资料的准确度。

（3）对资料进行分析

电网资料的齐全与准确是影响电网理论线损的重要因素，因此要对收集到的电网资料如电网的单线接线图、结构参数、运行数据等进行认真分析。

（4）选择计算模型

根据电网结构、负荷功率性质可以选择不同的计算模型。目前，在电网理论线损计算实际工作中，常用的计算方法有多种，如均方根电流法、平均电流法（形状系数法）、最大电流法（损耗因数法）、等值电阻法、潮流法、人工神经网络法等多种方法。各种计算方法均有其不同的特点和适用范围，要根据计算的内容和要求来选择。

（5）理论线损计算

随着科学技术的发展，电网理论线损计算方法研究有了较大的进步，各种新的计算方法和模型不断出现，并且对计算机的性能要求越来越高，依赖性越来越强。依据选择的电网理论线损计算模型，根据所掌握的资料数据，运用计算软件进行计算，能够获得比较准确的计算结果，获得更高的精度。

（6）分析计算结果

根据所选择的电网理论线损计算模型得到的计算结果并不一定与实际值相符，这是由于建立的计算模型是对实际情况的近似模拟，是用理论状态来近似实际状态，计算过程中由于数据资料不全、假设计算条件、计算模型精度等因素，必然产生误差。因此，需要对计算结果进行分析和评价，以确定计算结果是否可信。

三、理论线损实用计算方法

（1）均方根电流法

均方根电流法是电网理论线损计算的基本计算方法，也是最常用的方法。均方根电流法的基本思想是，线路中流过的均方根电流所产生的电能损耗相当于实际负荷在同一时间内所产生的电能损耗。其计算公式如下：

$$\Delta A = 3I_{jf}^2 R_t \times 10^{-3} \qquad (10\text{-}31)$$

式中，ΔA 为损耗电量（kW·h）；R 为元件电阻（Ω）；t 为运行时间（h）；I_{jf} 为均方根电流（A）。均方根电流计算公式如下：

$$I_{jf} = \sqrt{\frac{\sum_{i=1}^{24} I_i^2}{24}} \qquad (10\text{-}32)$$

式中，I_i 为代表日整点负荷电流（A）。

若实测为 P_i、Q_i、U_i，均方根电流 I_{if} 可以使用以下公式计算：

$$I_{if} = \sqrt{\frac{\sum_{i=1}^{24}\left(P_i^2 + Q_i^2\right)}{3 \times 24 U^2}} \qquad (10\text{-}33)$$

式中，P_i 为代表日整点时通过元件电阻的有功功率（kW）；Q_i 为代表日整点时通过元件电阻的无功功率（kVar）；U_i 为与 P_i、Q_i 同一时刻的线电压（kV）。

电能损耗计算公式如下：

$$\Delta A = \frac{\sum_{i=1}^{24} \dfrac{P_i^2 + Q_i^2}{U_i^2}}{24} \cdot R_t \times 10^{-3} \qquad (10\text{-}34)$$

式中，P_i 为代表日整点时通过元件电阻的有功功率（kW）；Q_i 为代表日整点时通过元件电阻的无功功率（kVar）；U_i 为与 P_i、Q_i 同一时刻的线电压（kV）；R 为元件电阻（Ω）；t 为运行时间（h）。

若实测为有功电量、无功电量和电压，均方根电流可以使用下式计算：

$$I_{if} = \sqrt{\frac{\sum_{i=1}^{24}\left(A_{ai}^2 + A_{ri}^2\right)}{3 \times 24 U^2}} \qquad (10\text{-}35)$$

式中，A_{ai} 为代表日整点有功电量（kW·h）；A_{ri} 为代表日整点无功电量（kVar·h）；

U_i 为与 A_{ai}、 A_{ri} 同一时刻的线电压（kV）。

电能损耗计算公式如下：

$$\Delta A = \frac{\sum\limits_{i=1}^{24} \dfrac{A_{ai}^2 + A_{ri}^2}{U_i^2}}{24} R_t \times 10^{-3} \qquad (10\ 36)$$

式中， A_{ai} 为代表日整点时通过元件电阻的有功电量（kW·h）； A_{ri} 为代表日整点时通过元件电阻的无功电量（kVar·h）； U_i 为与 A_{ai}、 A_{ri} 同一时刻的线电压（kV）； R 为元件电阻（Ω）； t 为运行时间（h）。

（2）最大电流法

最大电流法也称损耗因数法，是利用均方根电流法与最大电流的等效关系进行电能损耗计算的，由均方根电流法派生而来。最大电流法的基本思想是，线路中流过的最大电流所产生的电能损耗相当于实际负荷在同一时间内所产生的电能损耗。其计算公式如下：

$$\Delta A = 3I_{max}^2 FR_t \times 10^{-3} \qquad (10\text{-}37)$$

式中， ΔA 为损耗电量（kW·h）； R 为元件电阻（Ω）； t 为运行时间（h）； F 为损耗因数。

损耗因数 F 的计算公式如下：

$$F = \frac{I_{jf}^2}{I_{max}^2} \qquad (10\text{-}38)$$

式中， I_{jf} 为代表日均方根电流（A）， I_{max} 为代表日负荷最大电流（A）。

损耗因数 F 值的大小随电力系统的结构、损失种类、负荷分布及负荷曲线形状不同而异，特别是与负荷率 f 密切相关，分析表明：损耗因数 F 与负荷率 f 的关系，应介于直线和抛物线之间，即

$$F = \beta f + (1+\beta) f^2 \qquad (10\text{-}39)$$

式中， β 是与电力网负荷曲线形状、网络结构及负荷特性有关的常数，通常为 0.1~0.4。在不同网络结构下， β 值不同， f 负荷率不同。

对于损耗因数 F 有三种计算方法，第一种是利用理想化的负荷曲线推求 $F(f)$ 关系，第二种是采用统计数学方法求取 $F(f)$ 的近似公式，第三种是数学积分方法求取 $F(f)$ 的近似公式。

对于损耗因数 F 第一种计算方法，我国有人采用以两级梯形和梯形两种理想化的负荷曲线作为极限状态，分析得到如下损耗因数 F 计算公式：

$$F = \frac{f(1+\beta) - \beta}{2} + \frac{2\left[(1+\beta)^2 - \beta\right]}{3(1+\beta)^2} f^2 \qquad (10\text{-}40)$$

式中，F 是损耗因数；f 是负荷率；β 是常数。

最大电流法的优点是：计算需要的资料少，只需测量出代表日最大电流和计算出损耗因数等数据就可以进行电能损耗计算。缺点是：损耗因数不易计算，不同的负荷曲线、网络结构和负荷特性，计算出的 F 不同，不能通用，使用此方法时必须根据负荷曲线实际情况计算 F 值；计算精度低，常用于计算精度要求不高的情况。

（3）平均电流法

平均电流法也称形状系数法，是利用均方根电流法与平均电流的等效关系进行电能损耗计算的，由均方根电流法派生而来。平均电流法的基本思想是线路中流过的平均电流所产生的电能损耗相当于实际负荷在同一时间内所产生的电能损耗。其计算公式如下：

$$\Delta A = 3 \times I_{ar}^2 K^2 R_t \times 10^{-3} \qquad (10\text{-}41)$$

式中，ΔA 为损耗电量（kW·h）；R 为元件电阻（Ω）；t 为运行时间（h）；I_{ar} 为平均电流（A）；K 为形状系数。

形状系数 K 的计算公式如下：

$$K = \frac{I_{jf}}{I_{ar}} \qquad (10\text{-}42)$$

式中，I_{jf} 为代表日均方根电流（A）；I_{ar} 为代表日负荷平均电流（A）。

若实测为有功电量、无功电量和电压，平均电流也可以使用以下公式计算：

$$I_{ar} = \sqrt{\frac{A_a^2 + A_r^2}{3U_{ar}^2}} \qquad (10\text{-}43)$$

式中，A_a 为代表日的有功电量（kW·h）；A_r 为代表日的无功电量（kVar·h）；U_{ar} 为代表日的电压平均值。

电能损耗计算公式如下：

$$\Delta A = \frac{A_a^2 + A_r^2}{U_{ar}^2} K^2 R_t \times 10^{-3} \qquad (10\text{-}44)$$

式中，A_a 为代表日通过元件电阻的总有功电量（kW·h）；A_r 为代表日通过元件电阻的总无功电量（kVar·h）；U_{ar} 为平均线电压（kV）；R 为元件电阻(Ω)；t 为运行时间（h）。

（4）最大负荷损耗小时法

最大负荷损耗小时法的意义是，在一段时间内，若用户始终保持最大负荷不变，此时在线路中产生的损耗相当于一年中实际负荷产生的电能损耗。

计算公式如下：

$$\Delta A = \frac{S_{max}^2}{U^2} R_t \tag{10-45}$$

式中，ΔA 为损耗电量（kW·h）；S_{max} 为最大视在功率（kVA）；τ 为最大负荷损耗小时数（h）；R 为元件电阻（Ω）；U 为额定电压（kV）。

令 $T=8760$，U 为常数，则 τ 计算公式如下：

$$\tau = \frac{\int_0^{8760} S^2 dt}{S_{max}^2} \tag{10-46}$$

式中，τ 为最大负荷损耗小时数（h）；S 为实际负荷视在功率（kVA）；S_{max} 为最大视在功率（kVA）。

四、线损实例分析

（1）控制目标

为对电网规划中的线损进行分析，本书以含 6 配变网络进行实例分析。根据南方电网《110 千伏及以下配电网规划技术指导原则》，配电网规划应按线损"四分"管理要求控制分压技术线损。各类供电区规划各电压等级理论线损率（不含无损）控制目标见表 10-5。各地区根据本地区经济社会发展规划，确定实现线损率控制目标及年限。

表 10-5　各类供电区规划电网分电压等级理论线损率控制目标　（单位：%）

电压等级	A+类	A类	B类	C类	D类	E类
110kV	< 0.5			< 2	< 3	< 3
35 kV	—			< 2	< 3	< 3
10（20）kV	< 2		< 2.5	< 2.5	< 4	< 5
380V	< 2		< 2.5	< 5	< 7	< 9
理论线损率	< 3		< 4.5	< 6	< 8	< 12

注：各电压等级理论损耗包括该电压等级的线路和变压器损耗。

（2）规划中线损率评估

根据规划方案理论线损率计算结果，结合高损耗配变的改造、供电半径的缩短等对中低压配电网的改善效果，对线损率指标进行评估，分析规划方案的实施对线损率降低所起的作用。

（3）实例分析

以实际 D 类规划区域某一线路进行实例分析，该线路全长 14.35 km，主要负荷为居民、商业用电为主，线路导线有 LGJ-50、LGJ-35、LGJ-25，共有配变 7 台，总容量 373 kVA，某月实际运行时间 555 h，有功供电量为 3546 kW·h，无功供电量 26140 kVar·h，配电变压器总抄见电量为 34010 kW·h，已算得线路负载曲线特征系数为 1.08，其他参数及线路结构如下图 10-10 所示。

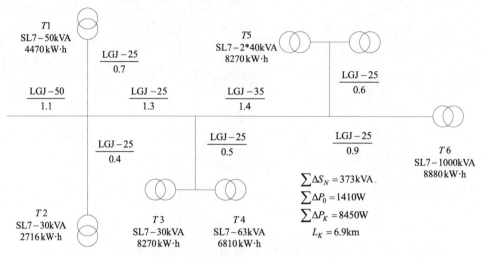

图 10-10　参数及线路结构

1）计算线路导线等值电阻。

计算线路导线等值电阻时，由电网结构图编写如表 10-6 所示导线情况表。

表 10-6　线路导线情况表

序号	导线型号	导线长度 L_j /km	单位长度电阻值 $r_{0,j}$ /Ω	第 j 段线路供电的所有变压器抄见电量之和 $A_{j,\Sigma}$ /（kW·h）	第 j 段线路电阻值 R_j /Ω
1	LGJ-25	0.9	1.38	8880	1.242
2	LGJ-25	0.6	1.38	8270	0.828
3	LGJ-35	1.4	0.95	17150	1.330
4	LGJ-25	0.5	1.38	9680	0.690
5	LGJ-35	1.3	0.95	26830	1.235
6	LGJ-25	0.7	1.38	4470	0.966
7	LGJ-25	0.4	1.38	2710	0.552
8	LGJ-50	1.1	0.65	34010	0.715

$$R_{d,d} = \frac{\sum\limits_{j=1}^{n} A_{j\Sigma}^2 R_j}{\left(\sum\limits_{i=1}^{m} A_{bi} \right)^2} = 2.3 \qquad (10-47)$$

2）计算线路变压器的等值电阻。

在计算线路变压器等值电阻时，首先根据线路结构图计算配电变压器绕组的等值电阻，得到各变压器参数，编制如表 10-7 所示变压器参数一览表。

表 10-7　线路部分变压器表

名称	型号	短路损耗 ΔP_{ki} / W	线路配变压器抄见电量 A_{bi} /（kW·h）	额定电压/kV
T1	SL7	1150	4770	10
T2	SL8	800	2716	10
T3	SL9	800	2870	10
T4	SL10	1400	6810	10
T5	SL11	2300	8270	10
T6	SL12	2000	8880	10

第一台

$$R_i = \Delta P_{k,i}\left(\frac{U_{1N}}{S_{e,i}}\right) = 10^2 \times \frac{1150}{50^2} \tag{10-48}$$

第二台

$$R_i = \Delta P_{k,i}\left(\frac{U_{1N}}{S_{e,i}}\right) = 10^2 \times \frac{800}{50^2} \tag{10-49}$$

第三台

$$R_i = \Delta P_{k,i}\left(\frac{U_{1N}}{S_{e,i}}\right) = 10^2 \times \frac{800}{50^2} \tag{10-50}$$

第四台

$$R_i = \Delta P_{k,i}\left(\frac{U_{1N}}{S_{e,i}}\right) = 10^2 \times \frac{1400}{50^2} \tag{10-51}$$

第五台

$$R_i = \Delta P_{k,i}\left(\frac{U_{1N}}{S_{e,i}}\right) = 10^2 \times \frac{2300}{50^2} \tag{10-52}$$

第六台

$$R_i = \Delta P_{k,i}\left(\frac{U_{1N}}{S_{e,i}}\right) = 10^2 \times \frac{2000}{50^2} \tag{10-53}$$

$$R_{d,b} = \frac{\sum_{i=1}^{m} A_{bi}^2 R_i}{\left(\sum_{i=1}^{m} A_{bi} \right)^2} = 6.13 \tag{10-54}$$

3）线路线损计算：

线路总等值电阻为

$$R_{d,\Sigma} = R_{d,d} + R_{d,b} = 2.03 + 6.13 = 8.16 \tag{10-55}$$

线路上可变损耗为

$$\Delta A_{kb} = \left(A_{P,g}^2 + A_{Q,g}^2 \right) \frac{K^2 R_{d\Sigma}}{U_{Pj}^2 t_{\Sigma}} \times 10^{-3} = 332.82 \tag{10-56}$$

线路的固定损耗为

$$\Delta A_{gd} = \left(\sum_{i=1}^{m} P_{0,i} \right) \times t_b \times 10^{-3} = 782.55 \tag{10-57}$$

线路总损耗为

$$\Delta A_{\Sigma} = \Delta A_{kb} + \Delta A_{gd} = 1115.37 \tag{10-58}$$

线路的理论线损率为

$$\Delta A_1 = \frac{\Delta A_{\Sigma}}{A_{pg}} \times 100\% = 3.15\% \tag{10-59}$$

线路理论最佳线损为

$$\Delta A_{zj} \left(\% \right) = \frac{2K \times 10^{-3}}{U_N \cos\varphi} \sqrt{R_{d\Sigma} \sum_{i=1}^{m} \Delta P_{0,I}} \times 100\% = 2.9\% \tag{10-60}$$

由此，该线路的理论线损为率为 3.15%，满足 D 类供电分区先算要求，线路最佳线损率为 2.9%。

第三节　可靠性评估

电网规划中的可靠性评估通常分为两个部分：一个是对现状电网的可靠性进行评估，另一个是对规划后电网的可靠性进行预测。通过对现状电网的可靠性评估可以确定电网的薄弱环节并提出相应的改进措施，还可以依此制定未来电网的可靠性指标。通过预测规划后电网的可靠性，可以了解此次规划是否能够达到预期效果。

一、可靠性评估的基本内容

电力系统可靠性分析包括两个方面,即充裕性和安全性。①电力系统的充裕性是指电力系统处于连续满足用户电力及电量需求的能力。同时计及电力系统中元件的计划检修和可接受的随机故障。充裕性又称为静态可靠性,也就是在静态条件下,电力系统满足用户对电力和电量需求的能力。②电力系统的安全性是指电力系统承受突然发生的扰动(如突然短路或失去系统元件现象)的能力。

在电力系统可靠性分析中,由于整个电力网络具有较大的规模,常将其划分成子系统进行可靠性分析,并根据各子系统的结构和运行特性采用不同的指标和计算方法。习惯上,将电力系统划分为发电系统、发输电组合系统、配电网络系统等。传统的发电系统的可靠性是指当全部发电机组并网后,按电网可容许的标准和数量,发电能够满足电力负荷对电能需求能力的评价。输电系统的可靠性是指当电能从发电厂输送到售电点过程中,按可容许的标准,输电系统满足电力负荷对电能需求能力的评价。发输电系统可靠性是发电系统和输电系统的组合,其充裕性应同时满足发电系统和输电系统的电力系统标准的要求。配电网络的可靠性是指站在用户侧的角度,分析配电网络在电网可容许的标准范围内满足电力用户对电能需求的评价。

电力系统的可靠性水平是通过定量的可靠性指标来衡量的。一般情况下,指标由故障对用户造成影响的停电概率、停电频率、停电持续时间、停电电力和电能损失进行描述。

二、可靠性评估的主要指标

可靠性指标是反映电力系统故障严重程度、评价系统可靠性水平的标准和依据,一个系统的可靠性是由评估得到的指标体现出来的。可靠性指标可分为系统指标和负荷点指标两类:前者从整体表征故障对系统产生的影响,后者具体到每一负荷点,表示的是故障在局部造成的影响。按照评估对象的不同,还可分为发输电系统可靠性指标和配电系统可靠性指标。

1. 发输电系统可靠性指标

(1)切负荷概率(loss of load probability,LOLP)

LOLP 指在各种干扰和故障情况下系统切负荷的概率值,其计算公式如下:

$$LOLP = \sum_{i \in S} p_i \qquad (10\text{-}61)$$

式中,S 是系统全部会造成负荷削减的故障状态的集合;p_i 为系统处于故障状态

i 的概率。

（2）切负荷频率（loss of load frequency，LOLF）

LOLF 指的是一年内系统发生切负荷行为的次数，公式如下：

$$LOLF = \frac{8760}{T} N_i \qquad (10\text{-}62)$$

式中，N_i 指有切负荷的状态数（如果连续几个系统状态都有切负荷，则看成一个切负荷状态）。

（3）切负荷平均持续时间（loss of load duration，LOLD）

LOLD 即系统每次切负荷平均时间，可由 *LOLP* 和 *LOLF* 得到：

$$LOLD = \frac{LOLP \times 8760}{LOLF} \qquad (10\text{-}63)$$

（4）负荷切除期望值（loss of load expectation，LOLE）

LOLE 为整个系统的负荷削减量，其计算公式如下：

$$LOLE = \frac{8760}{T} \sum_{i \in S} C_i \qquad (10\text{-}64)$$

式中，C_i 为系统状态 i 时对应的切负荷量。

（5）停电功率期望值（expected demand not supplied，ENDS）

ENDS 为系统在所有故障状态下停电功率的期望值，单位 MW，其计算公式如下：

$$ENDS = \sum_{i \in S} C_i p_i \qquad (10\text{-}65)$$

式中，S 表示研究时段内，故障状态的持续时间；p_i 为系统处于状态的概率；C_i 为状态对应的切负荷量。

（6）电量不足期望值（expected energy not supplied，EENS）

EENS 为指定研究时段内（通常指全年）系统电量不足的期望值，单位（MW·h）/a，计算公式为

$$EENS = \sum_{i \in S} D_i C_i p_i = \sum_{i \in S} 8760 C_i p_i \qquad (10\text{-}66)$$

式中，表示研究时段内，故障状态的持续时间；为系统处于状态的概率；为状态对应的切负荷量。

（7）系统停电指标（bulk power interruption index，BPII）

BPII 是指故障后供电点总切负荷量与系统最大负荷的比值，单位为 MW/（MW·a⁻¹），表征一年中每兆瓦负荷平均停电的兆瓦数。

$$BPII = LOLE / L \qquad (10\text{-}67)$$

（8）系统削减电量指标（bulk power energy curtailment index，BPECI）。

$BPECI$ 指系统故障引起的供电点削减电量的总和与系统年最大负荷之比，单位为（MW·h）/（MW·a^{-1}）。

$$BPECI = EENS / L \qquad (10\text{-}68)$$

（9）严重程度指标（系统分，severity index，SI）

其计算公式为

$$SI = BPECI \times 60 \qquad (10\text{-}69)$$

系统分是表征故障后果严重程度的一种度量，一系统分可理解为系统在最大负荷时停电一分钟。国际大电网会议（international Conference on Large High Voltag Electric systems，CIGRE）根据扰动对用户的冲击程度，将系统分指标分为如下 4 个等级：

1）0 级小于 1 系统分，代表可接受的不可靠状态；

2）1 级 1~9 系统分，代表对用户有明显冲击的不可靠状态；

3）2 级 10~99 系统分，代表对用户有严重冲击的不可靠状态；

4）3 级 100~999 系统分，代表对用户有很严重的冲击的不可靠状态。

2．配电系统可靠性指标

（1）系统平均停电频率指标（system average interruption frequency index，SAIFI）

$SAIFI$ 是指每单位时间内每个用户的平均停电次数，其计算公式为

$$SAIFI = \frac{用户总停电次数}{总用户数} = \frac{\sum \lambda_i N_i}{\sum N_i} \qquad (10\text{-}70)$$

（2）系统停电平均持续时间指标（system average interruption duration index，SAIDI）

$SAIDI$ 是指一年中用户停电的平均持续时间，计算公式为

$$SAIFI = \frac{用户总停电时间}{总用户数} = \frac{\sum U_i N_i}{\sum N_i} \qquad (10\text{-}71)$$

（3）用户平均停电时间指标（customer average interruption duration index，CAIDI）

$CAIDI$ 指一年中停电用户的平均停电时间，公式如下：

$$CAIDI = \frac{用户停电时间总和}{用户总停电次数} = \frac{\sum U_i N_i}{\sum \lambda_i N_i} \qquad (10\text{-}72)$$

（4）供电平均可用率指标（average service availability index，ASAI）

ASAI 指一年中用户供电小时数与要求的总供电小时之比，计算公式如下：

$$ASAI = \frac{用户总供电小时数}{用户要求供电小时数} = \frac{\sum N_i \times 8760 - \sum U_i N_i}{\sum N_i \times 8760} \qquad （10\text{-}73）$$

（5）平均供电不可用率指标（average service unavailability index，ASUI）

ASUI 为一年中用户总停电小时数与用户要求总供电小时数的比值，公式为

$$ASUI = 1 - 平均供电可用率指标 = \frac{用户不能供电小时数}{用户要求供电小时数} = \frac{\sum U_i N_i}{\sum N_i \times 8760} \qquad （10\text{-}74）$$

（6）总停电量指标（energy not supplied，ENS）

ENS 指一年中因系统停电造成的用户总电量损失，计算公式如下：

$$ENS = 负荷点平均功率 \times 负荷点停电时间 = \sum L_a(i) U_i \qquad （10\text{-}75）$$

（7）用户平均停电量（average energy not supplied，AENS）

AENS 指一年中系统的总停电量损失平均到每个用户的平均停电量，计算公式为

$$AENS = \frac{总缺电量}{总用户数} = \frac{\sum L_a(i) U_i}{\sum N_i} \qquad （10\text{-}76）$$

三、可靠性评估的常用方法

按照所使用的数学工具的不同，目前用于电力系统可靠性评估的方法主要可分为两种：一种为解析法，另一种为蒙特卡罗模拟法。这两种评估方法之间既有相同点也有不同点。二者之间的相同点主要是：①对预想事故的分析计算过程相同，即两种方法都首先对每一个预想事故进行潮流计算，然后根据潮流计算结果判断系统中是否出现违反系统正常运行约束的情况，比如，系统中是否出现支路过负荷现象、母线电压越限现象等，如果系统出现违反正常运行约束的情况，则需采取补救措施校正系统的运行状态，如调整发电机出力、削减系统负荷；②评估结果考虑的因素相同，即两种方法的评估结果均考虑了预想事故发生的可能性，以及故障发生后的后果严重性。二者的区别在于获取随机状态的方法不同，解析法主要利用故障状态枚举获得，而蒙特卡罗模拟法主要通过随机抽样获得；获得结果的方式不同，解析法用解析的方法计算出系统可靠性指标，而蒙特卡罗模拟法用统计的方法得到系统可靠性指标。

1. 解析法

结合系统的拓扑结构及系统元件的可靠性，可以应用解析法评估系统的可靠

性水平。解析法的主要优点是其数学模型比较准确客观，因此，其计算结果的精确度相对较高。当系统的网络结构比较简单时，系统可靠性指标往往能够用数学表达式表示出来，这时应用解析法进行可靠性分析往往能够取得比较良好的效果。但是解析法也有不足之处，当系统规模较大或系统结构较为复杂时，应用解析法对电力系统就行可靠性评估就存在较大的困难。解析法是早期电力系统可靠性评估时使用的主要方法，其常用的分析方法有很多，主要有网络法、故障模式后果分析法和状态空间法等。

2. 蒙特卡罗模拟法

蒙特卡罗模拟法是一种以概率论和统计理论为基础的分析方法，其基本思想是将某一实际问题转化为其参数为该问题所求解的某种概率模型或随机过程，然后通过观察或抽样试验的方法来分析该概率模型或随机过程，最后根据统计学的规律给出所求解的近似估计值，通常用估计值的方差或方差系数等来衡量所求解的精确度。

四、可靠性评估实例分析

故障模式后果分析法是最传统的可靠性计算方法。该方法利用元件可靠性数据，建立故障模式后果表，分析每个故障时间及其后果，然后综合形成可靠性指标，不仅适于简单辐射状网络，还可以扩展用于无论有无负荷转移设备的复杂网络的全面分析及计算所有故障过程和恢复过程。

图 10-11 是简单放射状网络的典型接线形式，系统由配电变电站母线单端供电。假定配电变电站母线和供电主干线的断路器完全可靠，全部隔离开关常闭，负荷点 a、b、c 由供电干线经装有熔断器的分支线路供电。当系统中某一部分发生故障时，可以手动操作隔离开关，断开故障部分，使系统恢复供电。接下来应用故障模式后果分析法进行单端供电网络的可靠性评估。

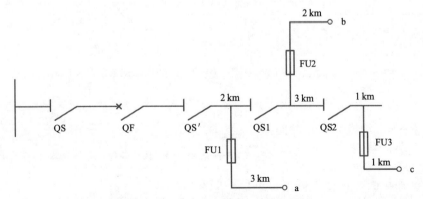

图 10-11　简单放射状网络的典型接线形式

1）假定系统各元件的可靠性指标及参数如表 10-8 所示。

表 10-8 各元件的可靠性指标及参数

元件	指标				
	故障率/[次/(km·年)]	平均修复时间/h	隔离开关操作时间/h	负荷点供电的用户数/户	连接负荷/kW
供电干线	0.10	3.00	—	—	—
分支线	0.25	1.00	—	—	—
QS1、QS2	—	—	0.50	—	—
负荷点 a	—	—	—	250	1000
负荷点 b	—	—	—	100	400
负荷点 c	—	—	—	50	100

2）根据串联系统故障分析指标计算公式如表 10-9 所示。

表 10-9 串联系统故障分析指标计算公式

位置		负荷点 a			负荷点 b			负荷点 c		
		λ/(次/年)	r /h	U/(h /年)	λ/(次/年)	r /h	U/(h /年)	λ/(次/年)	r /h	U/(h /年)
供电干线	2km 段	0.20	3.00	0.60	0.20	3.00	0.60	0.20	3.00	0.60
	3km 段	0.30	0.50	0.15	0.30	3.00	0.90	0.30	3.00	0.90
	1km 段	0.10	0.50	0.05	0.10	0.50	0.05	0.10	3.00	0.30
分支线	3km 段	0.75	1.00	0.75	—	—	—	—	—	—
	2km 段	—	—	—	0.50	1.00	0.50	—	—	—
	1km 段	—	—	—	—	—	—	0.25	1.00	0.25
总计		1.35	1.15	1.55	1.10	1.86	2.05	0.85	2.41	2.05

注：λ 为故障率，r 为每次故障平均停电时间，U 为年平均停电时间。

表 10-9 中，负荷点 a 的故障率为

$$\lambda = 0.20 + 0.30 + 0.10 + 0.75 = 1.35 \ （次/年）\tag{10-77}$$

负荷点 a 每次故障平均时间为

$$t = \frac{\sum \lambda_i U_i}{\sum \lambda_i} = \frac{1}{35}(0.20 \times 3.00 + 0.30 \times 0.50 + 0.10 \times 0.50 + 0.75 \times 1.00) = 1.15 \ （h）\tag{10-78}$$

负荷点 a 年平均停电时间为

$$U = \lambda r = 1.35 \times 1.15 \ （h/年）\tag{10-79}$$

负荷点 b、c 的数据可按同样方法求得。

3）计算与用户和负荷有关的其他指标，得出用户全年总停电次数（ACI）和

用户总停电持续时间（CID）。

$$ACI = 250 \times 1.35 + 100 \times 1.10 + 50 \times 0.85 = 490 \quad (次/年) \tag{10-80}$$

$$CID = 250 \times 1.55 + 100 \times 2.05 + 50 \times 2.05 = 695 \quad (h \cdot 户) \tag{10-81}$$

计算与用户有关的指标

$$SAIFI = 490 / 400 = 1.23 [次 / (用户 \cdot 年)] \tag{10-82}$$

$$CAIFI = 490 / 400 = 1.23 [次 / (用户 \cdot 年)] \tag{10-83}$$

$$SAIDI = 695 / 400 = 1.74 [h / (用户 \cdot 年)] \tag{10-84}$$

$$CAIDI = 695 / 490 = 1.42 [h / (用户 \cdot 年)] \tag{10-85}$$

$$ASAI = \frac{400 \times 8760 - 695}{400 \times 8760} = 0.999802 \tag{10-86}$$

$$ASUI = 1 - 0.999802 = 0.000198 \tag{10-87}$$

计算与负荷和电量有关的指标如下：

$$总的电量不足 = 1000 \times 1.55 + 400 \times 2.05 + 100 \times 2.05 = 2575 \quad (kW \cdot h) \tag{10-88}$$

$$ASCI = \frac{2575}{400} = 6.4375 \quad (kW \cdot h/用户) \tag{10-89}$$

第四节　供电能力评估

电网规划中的供电能力指的是配电网供电能力，其准确定义为配电网最大供电能力（total supply capability，TSC），TSC 定义为配电网中所有馈线"N-1"校验和变电站主变"N-1"校验均满足时，该配电网所能带的最大负荷。"N-1"时要考虑主变和馈线间的负荷转带、主变和馈线的容量、网络中主变间及馈线间的联络关系等配电网实际运行约束。除了配电网总体 TSC 外，TSC 模型和计算还需给出达到 TSC 时，各主变和馈线的负荷。

TSC 是现有电网的最大负荷供应量，即使现有电网的资产利用率达到最高的工作点，当前工点与供电能力的比较可体现出现有电网的效率，以及未来的负荷供应潜力，TSC 的含义不仅包括此时的网络的最大供应负荷，还包括在此工作点下，负荷在配电网络中各主变、馈线及馈线分段上的分配。

一、地区电网供电能力数学模型

电网供电转移能力是指一定供电区域内变电站主变二次侧出线与临近变电站

（或电网）相连，可在发生故障或检修时，以不中断供电为准则，最大可将该区域内供电负荷切换至直接相连临近变电站（或临近电网）而不停止供电的能力。通常可作为平衡变电站主变负载率的手段。电网转移能力的实现受变电站站内接线和站外连接方式影响，同时受电网负载水平限制。

（1）变电站站内供电能力的数学模型

设计算区域内共有 n 座变电站，并依次编号为 $1, 2, \cdots, n$，各座变电站对应的主变台数分别为 $n_1, n_2, \cdots, n_n$。

第 i 座变电站的站内供电能力 c_i，可由如下的公式表示：

$$c_i = k\left[\sum_{j=1}^{N_i} R_{i,j} - \max_{1 \leqslant j \leqslant N_i}(R_{i,j})\right] \tag{10-90}$$

式中，$i = 1, 2, \cdots, n$，表示第 i 座变电站；$j = 1, 2, \cdots, N_i$，表示第 i 座变电站的 j 号主变；$R_{i,j}$ 表示 i 座变电站的 j 号主变容量；k 为主变短时允许过载系数，k 的取值可参考相关导则或技术原则，并根据地区电网实际情况确定。

计算区域的变电站站内供电能力计算公式可表示为

$$C = \sum_{j=1}^{N_i} c_i = \sum_{j=1}^{N_i}\left\{k\left[\sum_{j=1}^{N_i} R_{i,j} - \max_{1 \leqslant j \leqslant N_i}(R_{i,j})\right]\right\} \tag{10-91}$$

若第 i 座变电站的从台主变容量一致，即 $R_{i,1} = R_{i,2} = \cdots = R_{i,N_i} = P_i$ 时（假定每座变电站站内各台主变的容量相同），有

$$C = c_i = k(N_i - 1)P_i \tag{10-92}$$

（2）网络供电转移能力

电网的负荷转移情况可由如下的负荷转移矩阵 T 表示：

$$T = \begin{bmatrix} 0 & t_{12} & t_{13} & \cdots & t_{1n} \\ t_{21} & 0 & t_{23} & \cdots & t_{2n} \\ t_{31} & t_{32} & 0 & \cdots & t_{3n} \\ \vdots & \vdots & \vdots & & \vdots \\ t_{n1} & t_{n2} & t_{n3} & \cdots & 0 \end{bmatrix} \tag{10-93}$$

式中，t_{ij} 表示第 i 座变电站向第 j 座变电站可转移的负荷大小。变电站 i 向变电站 j 可转移负荷的大小取决于两个因素：

1）两个站间联络线的负载能力；

2）变电站 j 可接受的负荷能力。

假定联络线容量足够充裕，同时，变电站 j 接受来自变电站 i 的负荷后站内各主变均不过负荷，则 t_{ij} 为

$$t_{ij} = \sum_{j=1}^{N_j} R_{ij} - c_j \tag{10-94}$$

式中，R_{ij} 表示变电站 j 在变压器不过负荷条件下的总供电容量；c_j 表示变电站 j 正常运行时所允许的最大负荷，二者之差反映了变电站 j 在满足最大负荷条件下还可以接受的负荷（假定变电站 j 内变压器无故障发生）。

进一步可以写为

$$t_{ij} = (1-k)\sum_{j=1}^{N_j} R_{ij} + k \cdot \max_{1 \leqslant j \leqslant N_j}(R_{ij}) \tag{10-95}$$

根据上述分析，在不考虑联络线容量约束的条件下，电网供电转移能力可表示为负荷转移矩阵 T 的一个特殊的和范数，为标记方便可称之为负荷转移范数。负荷转移范数的定义如下：

$$L = \begin{Vmatrix} 0 & t_{12} & t_{13} & \cdots & t_{1n} \\ t_{21} & 0 & t_{23} & \cdots & t_{2n} \\ t_{31} & t_{32} & 0 & \cdots & t_{3n} \\ \vdots & \vdots & \vdots & & \vdots \\ t_{n1} & t_{n2} & t_{n3} & \cdots & 0 \end{Vmatrix} = \sum_{i=1}^{n}\sum_{j \geqslant i}^{n}\left(\min(t_{ij}, t_{ji})\right) \tag{10-96}$$

L 可以用于评价配电系统变电站之间可能的最大允许负荷转移能力。尽管没有考虑联络线容量约束，但对于评价配电系统的允许负荷转移能力水平仍有实用价值。

（3）最大供电能力 MLSC

最大供电能力 MLSC 可以表示为各节点可供负荷之和的最大值。过去的很多方法都是通过求解以各节点负荷为变量的多变量优化模型来得到最大供电能力，算法复杂且计算速度慢。对于实际电网而言，各节点的当前负荷是已知的，它们的增长速度也可以通过预测得到。因此，如果假设各节点负荷始终按照各自的年预测发展速度同时增长，则求解最大供电能力的模型就可以转化为求解以所有节点负荷同时增长的最大年限为变量的单变量优化模型，这样将更加符合实际，也可提高计算精度。

本书建立的 MLSC 计算模型如下：

$$MLSC = \max \sum P_i = \max \sum_i P_{i0}(1+\rho_i)^k \tag{10-97}$$

式中，P_i 为第 i 个节点的有功负荷；P_{i0} 为第 i 个节点的初始有功负荷；ρ_i 为第 i 个节点的年负荷增长速度；k 为负荷最大增长年限。

对上式的优化可以转化为求解负荷最大增长年限，即配电网在满足一定的约束条件下，各负荷点按照各自的负荷增长速度，最多还能够增长多少年。

1）目标函数：

$$\max(k) \tag{10-98}$$

2）约束条件包括：配电网潮流平衡、支路不过载、电源点出力不越限及节点电压水平满足要求，即

$$V_s = Z \times I \tag{10-99}$$

$$g_{\min} \leqslant g_i \leqslant g_{\max} \tag{10-100}$$

$$U_{\min} \leqslant U_i \leqslant U_{\max} \tag{10-101}$$

式中，V_s、Z 及 I 分别为配电网的根节点电压列向量、阻抗矩阵及回路电流列向量；g_i、$g_{\min}$ 及 $g_{\max}$ 分别为电源点实际出力及出力的上下限；U_i、$U_{\min}$ 及 $U_{\max}$ 分别为节点电压及电压的上下限。

二、地区电网供电能力评估方法

目前计算最大供电能力的常用方法有电力电量平衡法、线性规划法、内点法、尝试法和最大负荷倍数法等。

（1）电力电量平衡法

电力电量平衡法是电力系统规划设计最基本的分析方法，该方法通过统计或计算一些技术经济指标来评价网络的供电能力，如网络中的电源装机容量、网络中各电压等级的变电容量和线路长度等，通过直接比较系统总的电力需求与各类电源总的供给能力、设备的容量来评价网络的供电能力。电力电量平衡分为电源与电力电量的平衡和电网设备容量与电力的平衡。

（2）线性规划法

线性规划法基于直流潮流模型，以网络中所有发电机所能供应的最大有功为目标函数，以网络功率平衡（直流潮流）、各支路容量限额及电源点与负荷点的功率约束为基本约束。

目标函数：

$$LSC = \max \sum P_i \tag{10-102}$$

约束条件：

$$P_i = \sum_{j=1}^{n} B_{ij}\theta_{ij} \tag{10-103}$$

$$L_{i\min} \leqslant L_i \leqslant L_{i\max} \tag{10-104}$$

式中，P_i 代表第 i 个节点的有功负荷；n 代表节点数；B_{ij} 代表 i-j 支路的导纳；θ_{ij}

代表节点 i、j 之间的相角差；L_i、$L_{i\min}$、$L_{i\max}$ 分别代表第 i 条支路（包括线路、变压器）的有功潮流、支路容量的最小值和最大值。

线性规划法采用的是直流潮流计算方法，忽略了母线电压幅值的变化及线路的电阻，并只求解线路潮流的有功功率部分，虽然可以大大减少计算量提高计算速度，但是对于配电网而言，线路的电阻往往并不是远小于电抗，因此采用直流潮流法计算，结果误差会较大。

（3）内点法

利用内点法求解最大供电能力的思路是将问题完整地转化为最优化模型，将负荷的最大值作为最终的目标函数，而将潮流、发电机出力等因素分别作为等式约束和不等式约束加以考虑，最后采用最优化方法中的内点法来求解上述最优化问题。具体的数学优化模型如下。

目标函数：

$$\max\left[\sum_{i=1}^{n}(\lambda_{Pi}+\lambda_{Qi})\right] \qquad (10\text{-}105)$$

约束条件：

$$P_{Gi}-P_{Li}-\lambda_{Pi}-U_i\sum_{j\in i}Y_{ij}U_j\cos\delta_{ij}=0 \qquad (10\text{-}106)$$

$$Q_{Gi}-Q_{Li}-\lambda_{Qi}-U_i\sum_{j\in i}Y_{ij}U_j\sin\delta_{ij}=0 \qquad (10\text{-}107)$$

$$P_{Gi\min}\leqslant P_{Gi}\leqslant P_{Gi\max} \qquad (10\text{-}108)$$

$$Q_{Gi\min}\leqslant Q_{Gi}\leqslant Q_{Gi\max} \qquad (10\text{-}109)$$

$$U_{i\min}\leqslant U_i\leqslant U_{i\max} \qquad (10\text{-}110)$$

$$P_{Li\min}\leqslant P_{Li}\leqslant P_{Li\max} \qquad (10\text{-}111)$$

式中，λ_{Pi}，λ_{Qi} 分别代表第 i 个节点上的发电机有功增加量、无功增加量；P_{Li}，Q_{Li} 分别代表第 i 个节点上的有功负荷、无功负荷；Y，δ 分别代表导纳矩阵和相角；P_{Gi}、$P_{Gi\min}$、$P_{Gi\max}$ 分别代表第 i 个节点上的发电机有功出力、最小值和最大值；Q_{Gi}、$Q_{Gi\min}$、$Q_{Gi\max}$ 分别代表第 i 个节点上的发电机无功出力、最小值和最大值；U_i、$U_{i\min}$、$U_{i\max}$ 分别代表第 i 个节点的电压、最小值和最大值；P_{Li}、$P_{Li\min}$、$P_{Li\max}$ 分别代表第 i 条支路的潮流、最小值和最大值。

三、地区电网供电能力评估实例分析

某电网的网架结构如图 10-12 所示；2 座 110 kV 变电站，2 座 35 kV 变电站，8 台主变和 48 回 10 kV 馈线，电网的总容量为 412 MVA。

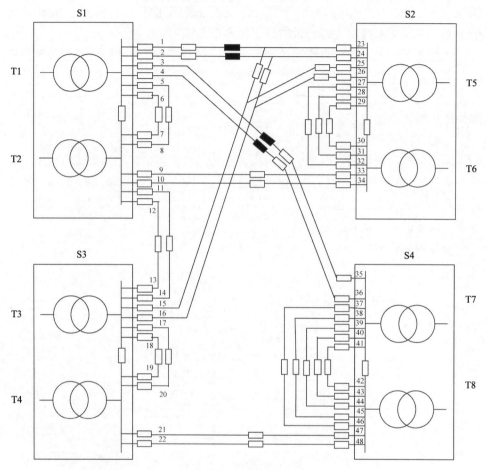

图 10-12　算例电网示意图

从图 10-12 中可以看出算例电网各主变及馈线间的联络关系，各变电站主变及馈线数据在表 10-10 和表 10-11 中给出。

表 10-10　变电站主变数据

变电站	变压器	变比（kV/kV）	容量/MVA	馈线数量	馈线总容量	原有负荷/MVA
S1	T1	35/10	40	6	75.6	20
	T2	35/10	40	6	75.6	27
S2	T3	35/10	40	6	75.6	15
	T4	35/10	40	4	50.4	24
S3	T5	110/10	63	7	88.2	37
	T6	110/10	63	5	63	25
S4	T7	110/10	63	7	88.2	30
	T8	110/10	63	7	88.2	32

表 10-11 联络数据

主变联络	馈线联络数量	单条馈线容/MVA	主变联络	馈线联络数量	单条馈线容/MVA
1-2	2	12.6	3-4	2	12.6
1-5	2	12.6	3-5	2	12.6
1-7	2	12.6	4-8	2	12.6
2-3	2	12.6	5-6	2	12.6
2-6	2	12.6	7-8	2	12.6

假设算例无重载区域的约束，首先根据配电网络中主变和馈线的容量及联络关系确定主变联络矩阵和馈线联络矩阵，主变容量矩阵和馈线容量矩阵中各元素的值，作为输入变量。利用线性规划法，计算得到 TSC=260.8 MVA；此时各主变及各馈线的 TSC 允许负荷分别在表 10-12 和表 10-13 中给出：

表 10-12 各主变 TSC 允许负荷

TSC/MVA	各主变负荷/MVA							
260.8	1	2	3	4	5	6	7	8
	37.8	27.4	25.2	37.8	42.2	25.2	25.2	40

表 10-13 各馈线 TSC 允许负荷

馈线编号	1	2	3	4	5	6
馈线负荷/MVA	0	2.2	12.6	10.4	12.6	0
馈线编号	7	8	9	10	11	12
馈线负荷/MVA	2.2	0	0	12.6	12.6	0
馈线编号	13	14	15	16	17	18
馈线负荷/MVA	12.6	0	0	10.4	0	2.2
馈线编号	19	20	21	22	23	24
馈线负荷/MVA	2.2	12.6	10.4	12.6	12.6	2.2
馈线编号	25	26	27	28	29	30
馈线负荷/MVA	0	2.2	0	12.6	12.6	0
馈线编号	31	32	33	34	35	36
馈线负荷/MVA	0	12.6	12.6	0	0	2.2
馈线编号	37	38	39	40	41	42
馈线负荷/MVA	0	10.4	0	12.6	0	12.6
馈线编号	43	44	45	46	47	48
馈线负荷/MVA	0	12.6	0	12.6	2.2	0

第五节 抗灾能力评估

作为社会发展和人民正常生活的重要基础设施和能源系统，电力系统的重要性不言而喻。电力系统的安全性问题直接影响国家的生产建设和人民的生活秩序。大电网事故不仅会给电力企业造成重大的经济损失，还会带来巨大的政治、经济影响，甚至会引起社会的混乱。电力系统的故障，除了运行设备故障、人为操作失误外，很大一部分源于自然灾害。电力系统可能会遇到的自然灾害包括地震、山体滑坡、冰雪、洪水、大风、雷电等。电力系统要实现长期安全、平稳、经济运行，就必须做到在灾害来临时能平稳地度过，确保电网的正常运行，保证居民生活和工业用电。要达到这个目标就必须在电网建设的规划阶段就针对规划目标电网可能遇到的自然灾害作相应的抗灾规划。对已建电网进行相应的抗灾能力评估，对不合格部分应按照抗灾要求在电网规划中进行相应的抗灾规划。对新建网络应该完全按照抗灾要求进行规划设计。通过规划建设，逐步建设成能经受住各种自然灾害考验的坚强电网。

一、电网灾害分类

1. 地质灾害

地质灾害包括地震、滑坡、泥石流和地陷等，其中地震为主要的地质灾害。滑坡、泥石流等灾害可以通过在电网设备规划建设时选择地质结构良好的地段建设来避免，而地震由于其不可预见性及其强烈破坏性成为电网规划中应该主要考虑的因素。

地震的发生对电力系统产生很大的威胁。近年来国内外发生的多次强烈地震都对所在地区的电力系统造成了严重的破坏。在这些破坏性强烈的地震中，电力系统中高压变电装置的破坏尤其引人注目。

2. 冰雪灾害

对于地处秋冬季节容易出现冰冻、雨雪天气的地区的电网，经常会经受冰雪灾害的考验。从多年来国内外发生的一系列电网冰雪灾害可以看出，如果电网的设计未能达到相应的抗灾等级、灾前未能采取相应的预防措施、灾害来临时没有有效的抗灾、容灾手段，冰雪灾害将会给电网造成毁灭性的破坏。

电网的安全可靠依赖可靠的输电线路、变电设备、充足的电源及强大的通信网络支持。冰冻灾害天气使输电线路、变电设备、电源及通信网络破坏，直接影响电网的运行安全。

3. 大风灾害

某些地域的电网会面临大风天气，甚至是狂风、飓风的破坏，特别是沿海地区此种现象更是频繁发生。所以这些电网必须具有较强的抗大风能力，能在大风来临时确保电网的正常运行。

4. 其他灾害

除以上几种自然灾害外，电网还可能遭遇雷电、洪水、沙尘暴等灾害。

二、电网抗灾能力规划

1. 总体目标

（1）电源目标

电源配置建设要在满足现状负荷容量要求的基础上要考虑一定的容量冗余，考虑一定的容载比。电源点的位置应该合理布局，在高密度负荷区应该规划建设一定容量的高可靠性电源。配置适当容量的电源作为抗灾保障电源，以保障在系统遭受大的自然灾害时，主干网解列使地区电网形成"孤岛"运行方式下电网基本正常运行，保障民生，维持重要负荷正常运转。

（2）主网目标

电网主网 500kV、220kV、110kV、35kV 各个电压等级的网架结构要满足"N-1"原则，实现双环网、双T、三T、双链、双辐射网络等高可靠性的运行方式。各个电压等级的变电站实现双（多）电源、双（多）台主变运行。对现状电网中不满足抗灾要求的线路和杆塔等设备进行更换、加固等措施，对新建电网完全按照抗灾要求进行选型、规划和设计，不断加强电网的安全性，使目标电网面对可能遇到的各种灾害具有足够的抗灾、容灾能力。

（3）配网目标

规划电网配网建设目标水平包括以下方面。

1）规划区电网环网率要尽量高，新建区域最好实现环网率100%；配电网更新老旧设备，改造电网结构，重要用户尽可能提供双电源；

2）规划区电网"N-1"通过率要尽量高，新建区域最好实现100%；农村电网加强供电联络，提高转供能力。

3）缩短供电半径，达到尽量高的分段合理率；控制故障范围，减轻灾害影响。

2. 抗灾保障电源规划

（1）规划区重要负荷情况分析

重要供电用户主要包含以下两个方面。

1）保证居民生活用电，满足人民群众基本需要；

2）涉及民众生活的社会公共单位和企业、党政军机关、机场、铁路、码头、公共交通、医院、学校、金融系统等单位的用电需求，满足社会经济的正常运行。

为更好地把握规划区相关民生的用电情况，需要详细分析规划区内的用电分类情况，得出相关民生的用电比例，以便初步判断重要负荷、所需的电源容量和重要供电网络。掌握规划区内各重要用户的装机容量、供电方式、自备电源容量等信息，看各重要用户是否实现双电源供电，能否满足"N-1"情况下供电可靠性要求，自备电源容量是否足够。

（2）电源规划

电源规划应该充分考虑抗灾的需要，配置充足的抗灾保障电源。分散布局，就近供电，分级接入电网，并适应电网解列运行后分区电网安全供电需求。抗灾保障电源主要服务于维持重要负荷的正常运转和保障民生，它是当电力系统遭受大的自然灾害时，主干网解环使地区电网形成"孤岛"运行方式时，能够保证电网基本正常运行，为保民生及维持重要负荷正常运转提供电源。因此在规划中应考虑在负荷中心配置适当容量的抗灾保障电源，根据规划区的实际情况及重要用户负荷容量来确定抗灾保障电源的容量占总负荷的比例。抗灾保障电源可单独设置，也可由可靠性较高的日常供电电源兼顾，并具有"黑启动"和"孤网运行"的能力。规划中应该有抗灾保障电源的黑启动方案，抗灾保障电源一般不宜由大电源（大火电、核电等）承担，以保证其具有孤网运行的能力。

为充分考虑电网抵御自然灾害的需要，对重要城市要尽量做到每一级电压等级都有一定的电源接入电网，并能适应电网解列运行后分区电网安全供电需要。加强分布式电源规划建设的研究，提高就地供电能力。

3．抗灾保障电网规划

抗灾保障电网主要是加强各地区之间在受灾时的互相支援，因此，各地区之间应建设一定的线路形成抗灾通道，正常时可利用也可断开运行，在地区不具备独立的抗灾保障电源时，抗灾通道的输送能力应该能满足对地区重要负荷和保民生负荷供电，在重要城市应该满足对重要设施、要害部门、重点单位及居民基本生活的供电，抗灾通道可不按抗灾负荷的"N-1"校核。

重要城市要确保形成 220 kV 环网，地级市应争取形成 220 kV 环网，满足城市不断发展对供电可靠性的要求。应从供电可靠性、电网结构、电源的配置和接入、用户的分类和供电方式、应急方案等方面，加强重要城市电网的规划。

电力设施的选址要尽量避开自然灾害易发区和设施维护困难地区。电网输电线要尽可能避免跨越大江大河、湖泊、海域和重要运输通道，确实无法避开的要采取相应防范措施。同一方向的重要输电通道要尽可能分散走廊，减少同一自然灾害易发区内重要输电通道的数量。

加强区域、省内主干网架和重要输电通道建设，提高相互支持能力。位于覆冰灾害较重地区的输电线路，要具备在覆冰期大负荷送电的能力。位于洪水灾害易发地区的输电线路，要对杆塔基础采取防护加固措施。必须穿越地震带等地质环境不安全地区的输电线路，要对杆塔及其基础采取抗灾防护措施。

针对各个电压等级的网络，根据网络的重要性及可能受灾的严重程度，分别选定和规划重要线路及其他重要设备。重要网络的接线方式应该实现高可靠性方式。设备选型应该依据高可靠性、强抗灾能力的准则来选择和规划。一般情况下，拟建线路按提高标准新建，其他均采用改造加固方式。对于利用现有或在建线路改造加固也难以达到新的抗灾能力的要求时，各重要网络宜采用新建方式构建。

4．电网黑启动方案

制定黑启动方案应根据电网结构的特点、发电机组的自启动能力和自励磁条件、系统过电压水平校核等，合理选择黑启动电源、合理划分区域、合理安排机组、合理分配负荷。在系统恢复过程中，要特别注意有功功率、无功功率的平衡问题。

电力系统全停后的恢复，总的目标是在最短的时间内使系统恢复带负荷的能力，以便能快速有序地实现系统的重建和对用户恢复供电。其要求：一是用较小的启动功率在短时间内尽可能多地启动机组，恢复发电机组运行；二是制定严格的操作步骤，实现操作步骤最少，恢复时间最短，并防止已恢复的部分系统重新崩溃。此外，黑启动过程中要求通信及电网信息传输畅通，保证发电厂、变电站至地调及各级调度之间的通信联系，使调度员能够全面掌握电网的恢复情况，保证电网恢复过程的顺利进行。

三、防灾措施

自然灾害对电网的危害并非经常发生，一旦发生会不同程度地影响经济、社会的正常运行，甚至会给人民的生命财产造成重大损失，必须兼顾投入与产出，在现有经济和技术条件下，突出重点，抓住薄弱环节，尽量提高电网的抗灾能力。

1．水灾预防措施

1）城区架空线建设时线路建设远离主河道方向，避免洪水冲刷，部分地段采用加高、加固方式；

2）配电电缆敷设远离主河道，避开低洼地段，洪水冲刷，电缆管沟加强排水、防水措施。

2．风灾预防措施

在做好气象调查分析基础上，重点加固铁塔，改造旧线路，加大线路线径，有条件的地方，避开风口，110kV及以下改建、新建输电工程，在规划、设计阶段输电线路全线应按自立式铁塔设计，以提高线路设备抗风能力。对于处在经常会有大风天气地域的电网在规划设计时，应该按高抗灾标准进行设计。

3．雷灾预防措施

1）全面清查生产、生活场所重要建筑物、构筑物是否符合防雷设防要求。对年代久远、不能通过相关资料核实其防雷设防水平的建筑物、构筑物要按照国家相关规定委托具有资质的单位进行防雷鉴定。对没有达到要求的要采取防雷措施。

2）针对处于雷击区域的主变压器和站用变压器必须采取防雷措施；强化主变压器、母线、出线间隔等防雷措施，安装防雷装置，强化线路防雷措施，加装防雷设施。

4．地质灾预防措施

1）变电设备加固措施。

2）输电线路加固措施。

5．冰灾预防措施

根据电网可能遇到的冰灾特点，结合线路的不同性质提出相应的设防标准和加固方案。

6．其他防灾措施

1）若遇电网调度指挥中心不能正常工作时，指挥部应立即启用备调，根据情况将调度台转移至第二调度或者设立临时调度台进行电网调度。

2）要求各单位对处于重点防范区域各种管理信息系统机房设备进行加固处理，对数据要考虑异地备份方案，确保发生灾情后数据完整、不丢失。

第六节　本章小结

电网规划方案的形成是一项巨大的系统工程，内容涉及繁多，包括：社会经济发展及现状电网分析、电力需求预测、规划目标及技术原则、电网规划方案、投资估算、规划成效分析等内容。此外，电网规划设计带有明显的不确定性与模糊性特点，与电网的历史与未来都有密切的关系。在规划方案实施之前，必须对方案进行综合全面的分析，以期得到满足社会发展需求的电力网络。本章从经济评价、线损、可靠性、最大供电能力、抗灾能力等几个方面对电网规划进行评价分析。

近年来，电网规划评价问题出现复杂化、不确定性因素增加等新的特点，需要分析各种评价与决策方法理论特点的基础上，取长补短，根据实际情况采取一种适合于电网规划特点的评价方法，并将其应用于实际项目工程中。

第十一章 结论与展望

第一节 结 论

电网规划是国民经济和社会发展的重要组成部分，同时也是电网经营企业自身长远发展规划的重要基础之一。为满足现代各行业的快速发展及人民生活水平的日益提高所带来的电力需求，必须不断扩大电力系统的规模。科学地完成电网规划工作，即在保证供电的安全可靠性和优良电能质量的前提下，合理有效地利用资金和节能降损，改造和加强现有电网结构，逐步解决薄弱环节，扩大供电能力，实现设施标准化，提高供电质量和安全可靠性，建立技术经济合理的电网。电网规划的优劣直接关系区域国民经济的发展和人民生活水平的改善，具有很强的社会效益和经济效益。如何根据区域经济发展情况，克服重重困难，通过科学的电力预测制定科学合理的规划是目前电网规划工作的基础。

电网规划的主要流程为：首先对规划区域的用电需求预测、线路路径选择等原始资料进行收集和论证，根据电源和地区负荷分布及线路选址条件，制定连接系统规划；通过分析规划区域环境条件，确定系统供电薄弱环节、不经济运行设备及因社会环境条件变化而必须改建或迁建的送变电项目，并对以上情况进行分析处理，从而制定出相关规划方案并进行技术经济评价。

电网规划建设的主要目的是在满足技术要求和必要的可靠性的基础上为电力用户提供尽可能廉价的电能。在需求增长的条件下，电网规划要遵循电网发展与电力需求增长的水平相适应的原则，满足用户对电力需求增长的要求要兼顾可靠性和经济性，在提高电网可靠性与经济性投资之间寻找平衡，要坚持远近结合、优化电网结构的原则，并在电网规划中保持高低压网络协调发展。总体来说，电网规划设计是一项复杂艰巨的系统工程，具有规模大、不确定因素多、涉及领域广的特点。规划方案本身带有预测和仿真特质，与电网的历史和未来都密切相关，电网规划方案本身的优劣和方案的实施程度对电网的经济技术和适应发展水平起到关键作用。对电网发展方向的把握，是通过配电网规划改造方案的确定和实施而实现的。为了在电网规划方案确定之际，对电网进行预测分析，真正把握未来电网的建设和运行水平，强化对电网的主动管理水平，迫切需要对电网规划方案进行综合评价。这是保证电网规划质量和未来电网供电水平的重要手段。因此，对电网规划进行评价具有举足轻重的作用。

第二节 展 望

随着国民经济的飞速发展，电网规划工作面临着新的形势。首先，外部环境的变换，即与城市规划的配合成为目前城市电网规划中必须考虑的一个重要因素。其次，电力企业更加注重经济效益和投资回报，开始把电网规划工作提到了非常高的地位。上述两方面的变换，既为城市电网规划工作创造了有利条件，又使之成为一个迫切的任务。因此，结合国情系统深入地研究满足实际要求的电网规划理论，开发研制高效、方便、实用的具有智能决策功能的城市电网规划计算机辅助决策系统，既是我国电网建设当前的迫切需要，也是今后长期发展的必要科学手段。

电网规划的科学性和规范性要求规划人员不但要掌握本部门历史和现状的负荷及负荷分布情况，而且还要收集大量的有关区域过去、现状和将来发展的各个领域的用户数据（占地、负荷、人口、交通情况等），对这些数据的有效分析和整理及规划派生数据的管理，只依靠传统的规划方法将会造成大量的时间和人力资源的浪费，而且传统的主要依靠专家经验的城市电网规划方法已经不能满足城市现代化建设的要求。为此，发展科学的城市电网计算机辅助规划系统在电力规划部门变得十分迫切。

作为国民经济支柱的电力企业中，传统的配电管理方式已经很难满足配电网的建设和安全经济运行要求，必须采用新的管理方式充分合理地利用有限的电力资源。在电力系统中，输电网络、配电网络、变电站及设、用户及负荷等资源均是按照地理位置分布的，对于这些数据信息的管理及使用应该结合地理环境、采用地理空间数据结构来存储，引入 GIS 能够为配电网络规划提供强有力的数据管理功能。

从本书介绍的内容来看，地区电网规划未来的研究方向和可能的处理方法与手段将集中在以下几个方面。

1）以认知系统工程的理论和方法来指导区域性电网规划的进行和电网规划决策支持系统的开发与使用。

2）目前对电网规划中的不确定性因素考虑不够全面，对于经济、环境和政策等方面不确定性因素的处理将是今后的研究方向。

3）未来的电网规划工作不能只考虑单一目标，必须考虑全局和整体的最优，应该向多目标规划发展，使规划结果在社会和经济等方面达到满意。

4）在未来的规划研究中，应及时吸收、利用各种先进的数学方法和理论及各种新技术。

参 考 文 献

曹智平，周力行，张艳萍，等，2015. 基于供电可靠性的微电网规划[J]. 电力系统保护与控制，43(14)：10-15.

陈丽敏，2016. 考虑风电电源接入的电网规划协调研究[J]. 大科技，(33)：138-139.

程浩忠，2015. 城市电网规划与改造[M]. 北京：中国电力出版社.

杜尔顺，孙彦龙，张宁，等，2015. 适应低碳电源发展的低碳电网规划模型[J]. 电网技术，39(10)：2725-2730.

段嗣昊，2015. 含分布式发电的配电网无功优化[D]. 济南：山东大学.

甘磊，谷纪亭，钟宇军，等，2016. 考虑多形态间歇性电源集中接入的输电网随机双层规划方法[J]. 电网技术，
  40(10)：3125-3131.

国家电网公司，2009. 110kV-1000kV 变电（换流）站土建工程施工质量验收及评定规程：Q/GDW 183—2008 [S].
  北京：中国电力出版社.

胡源，别朝红，李更丰，等，2017. 天然气网络和电源、电网联合规划的方法研究[J]. 中国电机工程学报，37(1)：
  45-53.

黄勇，肖亮，胡羽，2015. 基于社会网络分析法的城镇基础设施健康评价研究——以重庆万州城区电力基础设施为
  例[J]. 中国科学，45：68-80.

金洪彬，2015. 含分布式电源的配电网潮流计算[D]. 哈尔滨：哈尔滨理工大学.

金小明，吴鸿亮，周保荣，等，2015. 电网规划运行数据库与集成管理平台的设计与实现[J]. 电力系统保护与控制，
  43(15)：126-131.

李永明，王玉斌，王颖，等，2008. 数据挖掘和神经网络技术的电力工程造价应用[J]. 重庆大学学报，31(6)：663-
  666，682.

刘柏良，黄学良，李军，等. 含分布式电源及电动汽车充电站的配电网多目标规划研究[J]. 电网技术，2015，39(2)：
  450-456.

罗怡德，李华强，土羽佳，2017. 考虑电网结构脆弱性的多目标电网规划[J]. 电力系统自动化，54(4)：39-44.

穆永铮，鲁宗相，周勤用，等，2015. 基于可靠性均衡优化的含风电电网协调规划[J]. 电网技术，39(1)：16-22.

彭光金，俞集辉，韦俊涛，等，2009. 特征提取和小样本学习的电力工程造价预测模型[J]. 重庆大学学报，32(9)：
  1104-1110.

沈欣炜，朱守真，郑竞宏，等，2015. 考虑分布式电源及储能配合的主动配电网规划-运行联合优化[J]. 电网技术，
  39(7)：1913-1920.

舒隽，刘祥瑞，2017. 考虑风电的电源电网协调规划[J]. 电网与清洁能源，(2)：93-99.

司怀伟，王清心，丁家满，2016. 一种电网规划方案决策的灵敏度分析[J]. 现代电子技术，39(7)：149-153.

孙霞，杨丽徙，王铮，2015. 城市电网规划中矛盾问题的可拓分析与转换[J]. 电测与仪表，52(8)：23-29.

谭忠富，吴恩琦，鞠立伟，等，2013. 区域间风电投资收益风险对比分析模型[J]. 电网技术，37(3)：713-719.

邢海军，程浩忠，张沈习，等，2015. 主动配电网规划研究综述[J]. 电网技术，39(10)：2705-2711.

严太山，程浩忠，曾平良，等，2016. 能源互联网体系架构及关键技术[J]. 电网技术，40(1)：105-113.

杨永明，王燕，范秀君，等，2013. 基于灰关联－神经网络的电力工程造价估算[J]. 重庆大学学报（自然科学版），36(11)：15-20.

游沛羽，王晓辉，张艳，2015. 亚欧超远距离特高压输电经济性研究[J]. 电网技术，39(8)：2087-2093.

张锦轲，王嘉慧，2016. 主动配电网技术及其进展[J]. 工业，(10)：00184.

张跃，杨汾艳，曾杰，等，2015. 主动配电网的分布式电源优化规划方案研究[J]. 电力系统保护与控制，(15)：67-72.

中国南方电网有限责任公司，2006. 中国南方电网城市配电网技术导则[M]. 北京：中国水利水电出版社.

中华人民共和国机械工业部，1996. 供配电系统设计规范：GBJ 50052—95 [S]. 北京：中国计划出版社.

中华人民共和国住房和城乡建设部，中华人民共和国国家质量监督检验检疫总局，2014. 城市电力规划规范：GB/T 50293—2014[S]. 北京：中国建筑工业出版社.

周胜军，于坤山，2014. 供电电压偏差评估技术导则简介[C]. 广州：第五届电能质量及柔性输电技术研讨会论文集.